高等职业院校精品教材系列

PLC 应用技术项目化教程

张志友　魏丹丹　周金富　主　编

唐俊涛　付　晖　蒋文有　余　俊　副主编

电子工业出版社

Publishing House of Electronics Industry

北京·BEIJING

内 容 简 介

本书是按照教育部新的职业教育课程改革要求，在编者开展多地课程调研的基础上，结合编者多年积累的课程改革成果与教学实践经验编写的。本书遵循"先入门，再提高"的原则，介绍 PLC 控制系统的三大核心应用技术——硬件设计技术、软件（用户程序）设计技术及控制系统的构建技术，使用户在学习本书之后能够基本掌握 PLC 的应用技术。

本书摒弃仅在 PLC 发展初期使用的指令表语言，重点介绍在行业企业中广泛使用的梯形图语言及编者根据多年教学实践总结出的一整套梯形图程序设计方法——替换设计法、真值表设计法、波形图设计法、步进图设计法和经验设计法，同时介绍与这些设计方法配套的梯形图模板。只要以这些模板为基础，用户就能轻松设计出绝大多数 PLC 控制系统的用户程序。

本书可作为高等职业本专科院校相应课程的教材，也可以作为开放大学、成人教育、自学考试、中职院校及培训班的教材，以及工程技术人员的参考用书。

本书配有免费的电子教学课件、自测习题参考答案等资源，详见前言。

图书在版编目（CIP）数据

PLC 应用技术项目化教程 / 张志友，魏丹丹，周金富主编. —北京：电子工业出版社，2023.11
高等职业院校精品教材系列
ISBN 978-7-121-46880-3

Ⅰ. ①P… Ⅱ. ①张… ②魏… ③周… Ⅲ. ①PLC 技术－高等职业教育－教材 Ⅳ. ①TM571.61

中国国家版本馆 CIP 数据核字（2023）第 238319 号

责任编辑：陈健德（E-mail:chenjd@phei.com.cn）
印　　刷：三河市兴达印务有限公司
装　　订：三河市兴达印务有限公司
出版发行：电子工业出版社
　　　　　北京市海淀区万寿路 173 信箱　邮编　100036
开　　本：787×1 092　1/16　印张：11　字数：282 千字
版　　次：2023 年 11 月第 1 版
印　　次：2023 年 11 月第 1 次印刷
定　　价：46.00 元

凡所购买电子工业出版社图书有缺损问题，请向购买书店调换。若书店售缺，请与本社发行部联系，联系及邮购电话：（010）88254888，88258888。

质量投诉请发邮件至 zlts@phei.com.cn，盗版侵权举报请发邮件至 dbqq@phei.com.cn。

本书咨询联系方式：chenjd@phei.com.cn。

前 言

PLC 是可编程逻辑控制器的简称，它是当今工业生产中应用十分广泛的一种自动控制装置。PLC 应用技术、EDA 技术、数控技术及工业机器人技术已成为当今工业生产自动化的关键技术。目前行业企业对掌握 PLC 应用技术人才的需求量比较大，尤其是熟练掌握 PLC 全套应用技术的全能型人才，为此国内许多高等职业院校都开设了"PLC 应用技术"课程。

目前，国内许多高等职业院校在"PLC 应用技术"课程教学中，不仅存在对 PLC 应用技术侧重点的认识差异，还存在注重理论轻视实践、注重指令表语言忽视梯形图语言、注重给出程序忽视如何编程、注重单一技能忽视全套技能的弊端，导致学生在碰到实际问题时，只会照搬他人的程序而不会自主编程，难以胜任与 PLC 应用技术相关的工作。为解决上述问题，编者在多地开展课程调研的基础上，按照教育部新的职业教育课程改革要求，结合编者多年积累的课程改革成果与教学实践经验编写了本书。

本书主要有以下特色。

（1）以任务实施为手段，以理论知识为支撑，以能力培养为目的。通过任务实施，启发和指导学生学习理论知识，并用理论指导实践，从而使学生通过实践来锻炼必要技能。

（2）任务实施、理论讲解和自测习题相结合。在任务实施方面，以应会和实用为原则；在理论讲解方面，以应知和必备为原则；在自测习题方面，以学会和拓展为原则。所教知识和技能，既要管用，又要适用，更要够用。

（3）先入门，再提高。先入门，就是初步掌握好 PLC 应用技术中不可或缺的硬件设计技术、软件（用户程序）设计技术及控制系统的构建技术，顺利跨入 PLC 应用技术的大门，能够承担企业的基础 PLC 应用工作；再提高，就是根据企业的实际需要及个人的职业发展要求，把进一步的技能提高安排在未来有针对性的工作过程中。

（4）摒弃仅在 PLC 发展初期使用的指令表语言，重点介绍在行业企业中广泛使用的梯形图语言及编者根据多年实践总结出的一整套梯形图程序设计方法——替换设计法、真值表设计法、波形图设计法、步进图设计法和经验设计法，同时介绍与这些设计方法配套的梯形图模板。

本书可作为高等职业本专科院校相应课程的教材，也可以作为开放大学、成人教育、自学考试、中职院校及培训班的教材，以及工程技术人员的参考用书。

本书由张志友、魏丹丹、周金富担任主编，由唐俊涛、付晖、蒋文有、余俊担任副主编。编者在编写本书的过程中，得到了许多专家学者的帮助，也参阅了许多同行学者的文献资料，在此特向他们表示感谢。

由于编者水平有限，书中疏漏及不足之处在所难免，恳请广大用户和专家批评指正。

为了方便教师教学，本书还配有免费的电子教学课件、自测习题参考答案等资源，请有此需要的用户登录华信教育资源网（http://www.hxedu.com.cn）免费注册后下载。若有问题请在网站留言或与电子工业出版社联系（E-mail：hxedu@phei.com.cn）。

编　者

目 录

项目1 学习电气控制的基础知识 ……………1
　项目内容 ………………………………………1
　知识目标 ………………………………………1
　技能目标 ………………………………………1
　　任务1.1 认识常用的低压电器 ……………2
　　　1.1.1 任务内容 ………………………2
　　　1.1.2 任务分析 ………………………2
　　　1.1.3 相关知识 ………………………2
　　　1.1.4 任务实施 ………………………5
　　　自测习题1.1 …………………………6
　　任务1.2 学习识读电气原理图 ……………7
　　　1.2.1 任务内容 ………………………7
　　　1.2.2 任务分析 ………………………7
　　　1.2.3 相关知识 ………………………7
　　　1.2.4 任务实施 ……………………11
　　　自测习题1.2 ………………………12
　　任务1.3 剖析电气控制系统的电气原
　　　　　　理图 ………………………13
　　　1.3.1 任务内容 ……………………13
　　　1.3.2 任务分析 ……………………13
　　　1.3.3 相关知识 ……………………13
　　　1.3.4 任务实施 ……………………22
　　　自测习题1.3 ………………………24

项目2 认识PLC ……………………………25
　项目内容 ……………………………………25
　知识目标 ……………………………………25
　技能目标 ……………………………………25
　　任务2.1 观察PLC的外部形状 …………26
　　　2.1.1 任务内容 ……………………26
　　　2.1.2 任务分析 ……………………26
　　　2.1.3 相关知识 ……………………26
　　　2.1.4 任务实施 ……………………30
　　　自测习题2.1 ………………………32
　　任务2.2 探索PLC的内部构成 …………32
　　　2.2.1 任务内容 ……………………32

　　　2.2.2 任务分析 ……………………32
　　　2.2.3 相关知识 ……………………32
　　　2.2.4 任务实施 ……………………34
　　　自测习题2.2 ………………………35
　　任务2.3 搞懂PLC的工作原理 …………35
　　　2.3.1 任务内容 ……………………35
　　　2.3.2 任务分析 ……………………35
　　　2.3.3 相关知识 ……………………36
　　　2.3.4 任务实施 ……………………44
　　　自测习题2.3 ………………………47
　　任务2.4 了解PLC应用设计的设计内容
　　　　　　与设计步骤 ………………47
　　　2.4.1 任务内容 ……………………47
　　　2.4.2 任务分析 ……………………47
　　　2.4.3 相关知识 ……………………47
　　　自测习题2.4 ………………………48

项目3 学习PLC的硬件设计技术 …………49
　项目内容 ……………………………………49
　知识目标 ……………………………………49
　技能目标 ……………………………………49
　　任务3.1 学习分配PLC内部存储器 ……50
　　　3.1.1 任务内容 ……………………50
　　　3.1.2 任务分析 ……………………50
　　　3.1.3 相关知识 ……………………50
　　　3.1.4 任务实施 ……………………55
　　　自测习题3.1 ………………………56
　　任务3.2 学习绘制硬件接线图 …………57
　　　3.2.1 任务内容 ……………………57
　　　3.2.2 任务分析 ……………………57
　　　3.2.3 相关知识 ……………………57
　　　3.2.4 任务实施 ……………………62
　　　自测习题3.2 ………………………63
　　任务3.3 掌握硬件设计技术 …………63
　　　3.3.1 任务内容 ……………………63
　　　3.3.2 任务分析 ……………………63

3.3.3 相关知识·····················63

3.3.4 任务实施·····················65

自测习题3.3·····················67

项目4 学习PLC的软件设计技术·····68

项目内容·····························68

知识目标·····························68

技能目标·····························68

任务4.1 了解梯形图语言·········69

4.1.1 任务内容·····················69

4.1.2 任务分析·····················69

4.1.3 相关知识·····················69

4.1.4 任务实施·····················71

自测习题4.1·····················73

任务4.2 学习常用的梯形图符号···74

4.2.1 任务内容·····················74

4.2.2 任务分析·····················74

4.2.3 相关知识·····················74

4.2.4 任务实施·····················79

自测习题4.2·····················82

任务4.3 学习梯形图程序的替换设计法···82

4.3.1 任务内容·····················82

4.3.2 任务分析·····················82

4.3.3 相关知识·····················82

4.3.4 任务实施·····················85

自测习题4.3·····················89

任务4.4 学习梯形图程序的真值表设
计法·····················90

4.4.1 任务内容·····················90

4.4.2 任务分析·····················91

4.4.3 相关知识·····················91

4.4.4 任务实施·····················94

自测习题4.4·····················96

任务4.5 学习梯形图程序的波形图设
计法·····················97

4.5.1 任务内容·····················97

4.5.2 任务分析·····················97

4.5.3 相关知识·····················97

4.5.4 任务实施·····················101

自测习题4.5·····················104

任务4.6 学习梯形图程序的步进图设
计法·····················105

4.6.1 任务内容·····················105

4.6.2 任务分析·····················105

4.6.3 相关知识·····················105

4.6.4 任务实施·····················117

自测习题4.6·····················126

任务4.7 学习梯形图程序的经验设
计法·····················127

4.7.1 任务内容·····················127

4.7.2 任务分析·····················127

4.7.3 相关知识·····················127

4.7.4 任务实施·····················127

自测习题4.7·····················132

任务4.8 学习优化梯形图程序·····133

4.8.1 任务内容·····················133

4.8.2 任务分析·····················133

4.8.3 相关知识·····················133

自测习题4.8·····················138

项目5 学习PLC控制系统的构建
技术·····················139

项目内容·····························139

知识目标·····························139

技能目标·····························139

任务5.1 学习用户程序的编译和下载·····140

5.1.1 任务内容·····················140

5.1.2 任务分析·····················140

5.1.3 相关知识·····················140

5.1.4 任务实施·····················154

自测习题5.1·····················155

任务5.2 学习在实验室模拟调试·····155

5.2.1 任务内容·····················155

5.2.2 任务分析·····················156

5.2.3 任务实施·····················156

自测习题5.2·····················159

任务5.3 学习硬件安装·············160

5.3.1 任务内容·····················160

5.3.2 任务分析·····················160

5.3.3 相关知识·····················160

5.3.4 任务实施 ·················162
自测习题 5.3 ·················163

任务 5.4 学习现场调试 ·················164
5.4.1 任务内容 ·················164
5.4.2 任务分析 ·················164
5.4.3 相关知识 ·················164
自测习题 5.4 ·················165

任务 5.5 学习整理技术文件 ··············165
5.5.1 任务内容 ·················165
5.5.2 任务分析 ·················165
5.5.3 相关知识 ·················165
5.5.4 任务实施 ·················165
自测习题 5.5 ·················166

课时分配与教学建议

1．课时分配建议

项目	任务	理论课时	实训课时	备注
项目1 学习电气控制的基础知识	任务1.1 认识常用的低压电器	2	2	先实后理
	任务1.2 学习识读电气原理图	2	2	先理后实
	任务1.3 剖析电气控制系统的电气原理图	2	2	先理后实
项目2 认识PLC	任务2.1 观察PLC的外部形状	2	2	先实后理
	任务2.2 探索PLC的内部构成	2	2	先实后理
	任务2.3 搞懂PLC的工作原理	2	4	先实后理
	任务2.4 了解PLC应用设计的设计内容与步骤	2		理论
项目3 学习PLC的硬件设计技术	任务3.1 学习分配PLC内部存储器	2	2	先实后理
	任务3.2 学习绘制硬件接线图	2	2	先理后实
	任务3.3 掌握硬件设计技术	2	2	先实后理
项目4 学习PLC的软件设计技术	任务4.1 了解梯形图语言	2	2	先实后理
	任务4.2 学习常用的梯形图符号	2	2	先理后实
	任务4.3 学习梯形图程序的替换设计法	2	4	先理后实
	任务4.4 学习梯形图程序的真值表设计法	2	4	先理后实
	任务4.5 学习梯形图程序的波形图设计法	2	4	先理后实
	任务4.6 学习梯形图程序的步进图设计法	4	6	先理后实
	任务4.7 学习梯形图程序的经验设计法	2	2	先理后实
	任务4.8 学习优化梯形图程序	2		理论
项目5 学习PLC控制系统的构建技术	任务5.1 学习用户程序的编译和下载	4	4	先理后实
	任务5.2 学习在实验室模拟调试		4	实训
	任务5.3 学习硬件安装	2	4	先理后实
	任务5.4 学习现场调试	2		理论
	任务5.5 学习整理技术文件	2	4	先理后实
合　　　计		48	60	总课时108

注：建议每次安排4课时，每周安排8课时，加上复习考试15周学完。

2．教学建议

有不少学校仍然采用被动式教学方法，为了取得更好的学习效果有必要对教学方法进行不断改革，建议做到两点：第一，理论必须与实践紧密结合起来；第二，课堂教学要向主动式学习过渡，由教师讲、学生听变为学生问、教师答。要做到第二点，就要让学生主动预习、主动提问，教师释疑解惑，有问必答。其教学流程为：问题归类→学生互解→释疑解惑→问题再探→预习指导。

（1）问题归类：课代表或学习委员在课前收集学生提出的需要解答的问题并将问题归类。

（2）学生互解：课代表或学习委员逐条宣读需要解答的问题，由学生进行解答，教师收集解答错误或未能解答的问题。

（3）释疑解惑：教师逐条对解答错误或未能解答的问题进行释疑解惑。

（4）问题再探：让仍有疑问或还不能理解的学生再次提问，教师再答。

（5）预习指导：教师布置预习的范围，并提示需掌握的重要知识点。

项目 1

学习电气控制的基础知识

项目内容

（1）低压电器的外形、工作原理及其在电气控制系统中的作用。
（2）电气原理图的识读与绘制方法。
（3）电动机电气控制系统的工作过程。

知识目标

（1）了解电气元器件的动作、复位、吸合和释放过程。
（2）掌握电路中常用元器件的电路符号。
（3）了解电气原理图的识读与绘制方法。
（4）掌握电气控制系统工作过程的分析方法。
（5）掌握电气控制系统的工作原理。

技能目标

（1）掌握分析电气控制系统的工作过程的方法。
（2）掌握控制电路电气原理图的绘制方法。

在目前行业企业应用的工业计算机控制系统、单片机控制系统、传统继电接触器控制系统和 PLC 控制系统这 4 大控制系统中，最常见的就是传统继电接触器控制系统和 PLC 控制系统。由于 PLC 控制系统完全是在传统继电接触器控制系统的基础上创新发展起来的，因此掌握好传统继电接触器控制系统的基础知识，对于学习 PLC 应用技术是大有裨益的。

就让我们从传统继电接触器控制系统的基础知识开始本书的学习吧！

任务 1.1 认识常用的低压电器

1.1.1 任务内容

（1）观察常用低压电器的外形。

（2）了解常用低压电器的工作原理及其在电气控制系统中的作用。

1.1.2 任务分析

低压电器是构成电气控制系统的重要电气元器件。了解低压电器的工作原理及其在电气控制系统中的作用，对于理解电气控制系统的工作原理是非常重要的。因此，设置本任务的目的是，使学生通过观察和了解常用低压电器的外形，辨别常用低压电器的种类，了解常用低压电器的工作原理及其在电气控制系统中的作用。

1.1.3 相关知识

1. 刀开关、微动开关和电磁铁

在低压电器中，有许多电器是用刀开关或微动开关与电磁铁巧妙组合而成的，它们的结构非常相似，其工作原理也基本相同。因此，了解刀开关、微动开关和电磁铁的基本原理，是掌握低压电器工作原理的基础。

1）刀开关的工作原理

刀开关的结构如图 1-1 所示。刀开关主要由动触片和静触头构成。

刀开关的工作原理是：当推动手柄向下运动时，手柄带动动触片嵌入静触头内，于是开关闭合；当推动手柄向上运动时，手柄带动动触片与静触头分离，于是开关断开。

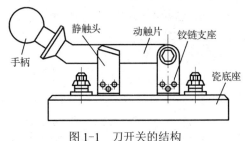

图 1-1 刀开关的结构

2）微动开关的工作原理

微动开关的结构和工作原理图如图 1-2 所示。微动开关主要由动触头、静触头、常闭触头、常开触头、顶杆和反力弹簧构成。

微动开关的工作原理是：当按下或推动顶杆时，顶杆带动动触头运动，于是常闭触头断开、常开触头闭合（这个过程称为动作）；当松开顶杆时，反力弹簧的弹力使顶杆带动动触头反向运动，于是常开触头断开、常闭触头闭合（这个过程称为复位）。

3）电磁铁的工作原理

电磁铁的结构如图 1-3 所示。电磁铁主要由吸引线圈、静铁芯、动铁芯（衔铁）及弹簧构成。

电磁铁的工作原理是：当吸引线圈通电后，吸引线圈产生的电磁场使静铁芯和衔铁成为极性相反的 2 块磁铁，衔铁便克服弹簧的拉力被吸向静铁芯（这个过程称为吸合）；当吸引线圈断电后，其产生的电磁场消失，衔铁便在弹簧的弹力作用下返回原始位置（这个过程称为释放）。

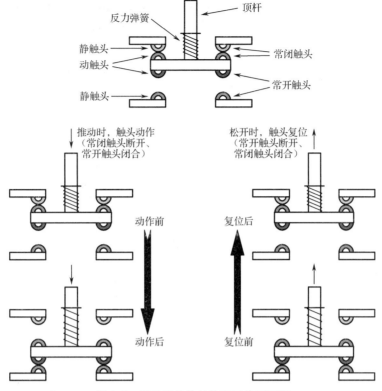

图1-2　微动开关的结构和工作原理图

2. 闸刀开关、按钮开关、位置开关和熔断器

1）闸刀开关的工作原理

闸刀开关又称为电源开关或负荷开关，是由3个刀开关组合在一起构成的三极开关。

闸刀开关的工作原理是：当推动手柄向下运动时，手柄带动动触片嵌入静触头内，于是开关闭合；当推动手柄向上运动时，手柄带动动触片与静触头分离，于是开关断开。

闸刀开关在电气控制系统中的作用为不频繁地接通或切断三相电源电路。

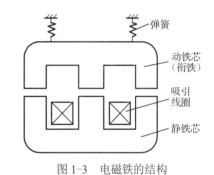

图1-3　电磁铁的结构

2）按钮开关和位置开关的基本原理

按钮开关和位置开关实际上就是微动开关。位置开关又称为行程开关。

按钮开关和位置开关的工作原理是：当手指按下按键帽或运动部件碰撞顶杆时，顶杆带动动触头运动，于是常闭触头断开、常开触头闭合；当手指离开按键帽或运动部件离开顶杆时，复位弹簧的弹力使顶杆带动动触头反向运动，于是常开触头断开、常闭触头闭合。

按钮开关和位置开关在电气控制系统中的作用为发布命令，改变电气控制系统的工作状态。

3）熔断器的工作原理

熔断器的俗称为保险丝。

熔断器的工作原理是：熔断器的熔断管是用电阻率高而熔点低的合金做成的，故当正常

工作电流流过熔断管时，电流产生的热量很小，熔断管不会熔断；当电路发生短路时，短路电流产生的热量很大使熔断管迅速熔断，从而切断电路起到短路保护的作用。

熔断器在电气控制系统中的作用为对电路进行短路保护。

3．中间继电器、热继电器和时间继电器

1）中间继电器的工作原理

把电磁铁与微动开关组合在一起就可以构成中间继电器。

中间继电器的工作原理是：当吸引线圈通电后，其产生的电磁场使铁芯和衔铁成为极性相反的 2 块磁铁，衔铁便克服触头弹簧的拉力与铁芯相吸，从而带动动触头运动，于是常闭触头断开、常开触头闭合；当吸引线圈断电后，其电磁场消失，衔铁便在触头弹簧的拉力作用下带动动触头返回原始位置，于是常开触头断开、常闭触头闭合。

中间继电器在电气控制系统中的作用为增加触头数量，以扩大继电器的控制能力。

2）热继电器的工作原理

热继电器的工作原理是：当正常工作电流流过发热元件时，电流产生的热量很小，双金属片不会弯曲；当电路发生过载时，过载电流产生的热量很大，使双金属片产生弯曲，从而使常闭触头断开切断电路，起到过载保护的作用。

热继电器在电气控制系统中的作用为在电路中进行过载保护。

3）时间继电器的工作原理

时间继电器在普通继电器的基础上增加了延时机构。时间继电器包括通电延时型时间继电器和断电延时型时间继电器。

通电延时型时间继电器的工作原理是：当吸引线圈通电后，衔铁被吸向铁芯，带动推板使微动开关动作，与此同时，塔形弹簧的弹力带动活塞杆和橡皮膜向上移动，但由于空气室的排气孔大而进气孔小，故活塞杆和橡皮膜的移动速度因空气室的负压而变得缓慢，经过一段时间延时后，活塞杆才顶动推板使微动开关动作，从而实现了使常闭触头延时断开、常开触头延时闭合的功能；当吸引线圈断电后，复位弹簧的弹力使衔铁释放，推动活塞杆和橡皮膜向下运动，此时空气室单向阀打开，故活塞杆、橡皮膜、推板和微动开关均迅速复位，为下次延时动作做好准备。

时间继电器在电气控制系统中的作用为在电路中进行延时控制。

4．速度继电器和接触器

1）速度继电器的工作原理

速度继电器的工作原理是：当电动机旋转时，其会带动速度继电器中的永磁转子产生旋转磁场，切割速度继电器的定子绕组产生感应电流，在感应电流与旋转磁场的共同作用下将产生电磁力矩，该力矩将使速度继电器的定子转动一定的角度，于是定子拨杆使常闭触头断开、常开触头闭合。一般速度继电器的转子转速大于 100 转/分时，触头动作，转子转速小于100 转/分时，触头复位。

速度继电器在电气控制系统中的作用为在电路中进行速度控制。

2）接触器的工作原理

接触器在普通继电器的基础上增加了能通过大电流的主触头。

接触器的工作原理是：当吸引线圈通电时，其产生的电磁场使衔铁吸向铁芯，衔铁带动主触头动作，使常闭触头断开、常开触头闭合；当吸引线圈断电后，其产生的电磁场消失，衔铁在反力弹簧的作用下带动主触头复位，使常开触头断开、常闭触头闭合。

接触器在电气控制系统中的作用为频繁地接通、分断或者切换交/直流主电路。

5. 主令电器和被控电器

在电气控制系统中，一般把用来发布命令、改变电气控制系统工作状态的低压电器称为主令电器，而把运行与停止（或者工作与不工作）受主令电器控制的低压电器称为被控电器。

由于各种继电器触头和接触器触头也能起到发布命令的功能，因此主令电器包括按钮开关、位置开关、光控开关、温控开关、磁控开关、声控开关、气敏开关、湿敏开关、感应开关、遥控开关，以及继电器触头、接触器触头等具有接通与断开功能和导通与截止功能的开关电器。

由于变频器、触摸屏、继电器线圈、接触器线圈等是在主令电器控制下改变其工作状态的，因此被控电器包括灯泡、发光管、电铃、蜂鸣器、电炉、电动机、电磁阀、电磁锁、电磁铁、电点火器、变频器、触摸屏、继电器线圈、接触器线圈等。

1.1.4　任务实施

1. 器材准备

按钮开关、闸刀开关、位置开关、熔断器、中间继电器、热继电器、时间继电器、速度继电器和接触器各 1 个。

2. 训练步骤

1）观察低压电器的外形

图 1-4 所示为常用低压电器的外形。从准备的低压电器中逐一找出按钮开关、闸刀开关、位置开关、熔断器、中间继电器、热继电器、时间继电器、速度继电器和接触器，并从前、后、左、右、上和下方向仔细观察各低压电器的外形。

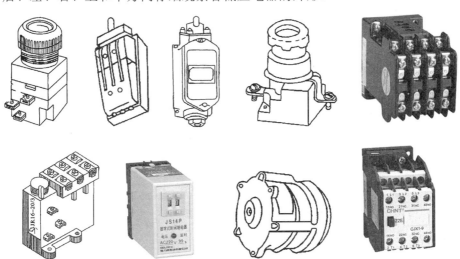

图 1-4　常用低压电器的外形

2）观察低压电器的内部构成

低压电器的内部构成可以通过其原理结构图来了解。图 1-5 所示为常用低压电器的原理结构图。

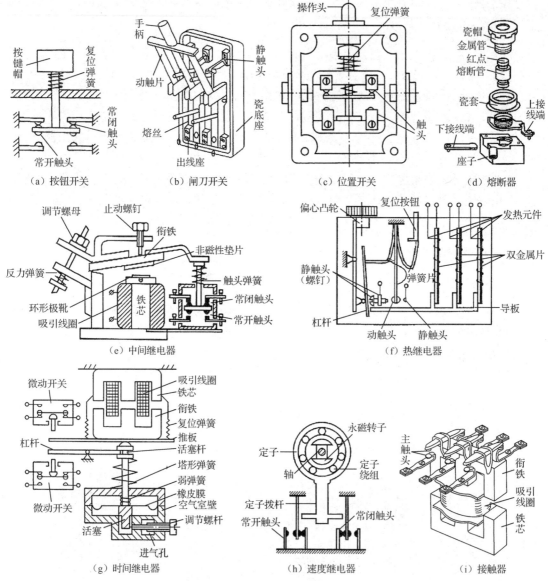

图 1-5　常用低压电器的原理结构图

3. 训练总结

通过本次训练，学生不仅认识了 9 种常用低压电器，还了解了这 9 种常用低压电器的原理结构，从而对常用低压电器有了一个基本的了解。

自测习题 1.1

（1）低压电器的常闭触头断开、常开触头闭合，这个过程称为_____；常开触头断开、常闭触头闭合，这个过程称为_____。

（2）低压电器的衔铁克服弹簧拉力被吸向铁芯，这个过程称为_____；衔铁在弹簧的弹力作用下返回原始位置，这个过程称为_____。

（3）在电气控制系统中，一般把_____的低压电器称为主令电器，而把_____的低压电器称为被控电器。

（4）分别写出按钮开关、闸刀开关、位置开关、熔断器、中间继电器、热继电器、时间继电器、速度继电器和接触器在电气控制系统中的作用。

（5）主令电器包括哪些电器？被控电器包括哪些电器？

任务 1.2　学习识读电气原理图

1.2.1　任务内容

（1）认识电路符号和电气原理图，了解电气原理图的识读方法。

（2）对具体电气原理图进行识读。

1.2.2　任务分析

什么是电气原理图？电气原理图中的电路符号又表示什么？怎样识读电气原理图？学生在未学习本任务之前，可能不会对这些问题做出正确解答。因此，设置本任务的目的是，使学生通过识读具体的电动机正反转控制系统的电气原理图，学习电路中的电路符号和电气原理，了解电气原理图的识读方法，掌握识读电气原理图的技能。

1.2.3　相关知识

1. 电路、电路模型和电气原理图

1）电路

由真实导线、电气设备和电气元器件按一定方式连接而成的电流通路，称为实际电路，通常简称为电路。

电路通常由电源（或信号源）、中间控制环节和负载构成。

2）电路模型

由于实际电气控制系统的电路可能非常庞大而复杂，因此学生很难直观地看清各个电气设备和电气元器件之间的具体连接关系，这给其分析和研究电气控制系统的工作原理带来了很大的麻烦和不便。为了便于学生分析和研究电气控制系统的工作原理，电工技术中有时会采用电路模型代替电路。

那么，什么是电路模型呢？此处先介绍战争题材电视剧中的沙盘模型和新建小区售楼处的楼盘模型，以此给出电路模型的定义。在沙盘模型中，沙堆代表大山、黑旗代表敌方的位置、红旗代表我方的位置，从而准确形象地描述出了整个战场的实际状况；在楼盘模型中，泡沫方块代表楼房、塑料小树代表绿化区、蓝色纸条代表河流，从而准确形象地描述出了整个小区的实际状况。因此，电路模型是指用真实导线、电气设备和电气元器件外形图按电路连接关系绘制的电路，从而准确形象地描述出整个电路的实际状况。

手电筒的电路模型如图 1-6（a）所示。

3）电气原理图

电路模型虽然能准确形象地描述出整个电路的实际状况，也能方便地分析和研究电气控制系统的工作原理，但是实际的电气设备和电气元器件种类繁多、外形各异，即使是同一种电气设备或电气元器件，由于生产厂家不同或者产品的升级，其外形也可能互不相同。另外由于人们绘图水平的差异，对同一个电气设备和电气元器件，每个人绘制的外形图都不一样，因此用来表示电气设备和电气元器件的外形图就有可能是多种多样，甚至千奇百怪的，这就给人们的识读和交流带来很大的困难和不便。

为了便于识读和交流，也为了便于绘图，业界常用真实导线、电气设备和电气元器件的电路符号来替换其外形图，即用国家统一规定的电路符号来表示实际的导线、电气设备和电气元器件，并按电路连接关系绘制电路，这样一来，电路模型就演变成了电气原理图。

用国家统一规定的表示真实导线、电气设备和电气元器件的电路符号按电路连接关系绘制的电路称为电气原理图或者电路原理图，简称为电路图。

手电筒的电气原理图如图1-6（b）所示。

注意：电路是指看得见摸得着的实际电路，而电气原理图则是一种由电路转换出来的图，或者说是用标准电路符号构建的电路模型。

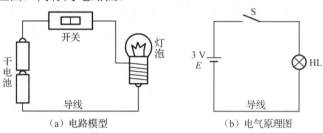

（a）电路模型　　　　（b）电气原理图

图1-6　手电筒的电路模型和电气原理图

2. 电路符号

电路符号是用来表示真实导线、电气设备和电气元器件的。为了便于识读和交流，电路符号必须统一且标准化，因此国家标准《电气简图用图形符号　第1部分：一般要求》（GB/T 4728.1—2018）、《电气简图用图形符号　第2部分：符号要素、限定符号和其他常用符号》（GB/T 4728.2—2018）、《电气简图用图形符号　第3部分：导体和连接件》（GB/T 4728.3—2018）、《电气简图用图形符号　第4部分：基本无源元件》（GB/T 4728.4—2018）、《电气设备用图形符号　第2部分：图形符号》（GB/T 5465.2—2008）、《建筑电气制图标准》（GB/T 50786—2012）等是学生在学习绘图的过程中应逐步掌握的电路相关标准。

相关国家标准规定的电路符号包括图形符号和文字符号，两者必须同时存在，即在绘制电路符号时，必须既要绘制图形符号还要标注文字符号，两者缺一不可。

图形符号+文字符号=电路符号

图1-7　电容的电路符号

图1-7所示为电容的电路符号，并标明了电路符号的构成。

国家标准规定的常用电路或图形符号如表1-1所示。

表1-1　国家标准规定的常用电路或图形符号

名　　称	电路或图形符号	名　　称	电路或图形符号
导线、导线连接		屏蔽导线	
插座和插头	X X	接线端子	○
可拆卸端子	Ø X	端子板	1 2 3 4 5 6 7 8 X
接大地		保护接地	

续表

名　　称	电路或图形符号	名　　称	电路或图形符号
接机壳或底板（接地）	⊥ 或 ⏚	熔断器	▭ FU
信号灯	⊗ HL	照明灯	⊗ EL
电阻	▭ R	电容	‖ C
电感	L	电抗器	ʆ L
直流电动机	Ⓜ MD	交流电动机	Ⓜ M Ⓜ M
变压器	⊰ 或 T	电压互感器	TV 或 TV
电流互感器	TA 或 TA	电压表	Ⓥ PV
电流表	Ⓐ PA	二极管	▷ VD
闸刀开关	QS	按钮开关	SB SB SB
位置开关	SQ SQ	接触器	KM KM KM KM
空气开关（断路器）	QF	热继电器	FR FR FR
中间继电器	KA KA KA	速度继电器	KS KS KS
欠电压继电器	$U<$ KV KV KV	通电延时型时间继电器	KT KT KT KT KT
过电流继电器	$I>$ KA KA KA	断电延时型时间继电器	KT KT KT KT KT

3．电路的状态

切断电源与负载间的连接称为电路的开路状态，简称开路。

电源和负载接通称为电路的通路状态，简称通路。

电源两端被阻值近似为零的导体接通称为电路的短路状态，简称短路。

电路的3种状态如图1-8所示。

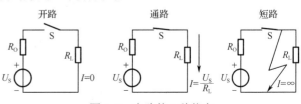

图1-8　电路的3种状态

4. 电气控制图的种类

常用的电气控制图包括电气原理图、安装接线图和电器布置图。

电气原理图便于清晰直观地了解、分析和研究电气控制系统的组成情况及工作原理；安装接线图和电器布置图则便于电气控制系统的制造、安装和维修工作。

图 1-9 所示为电动机正反转控制系统的电气原理图、安装接线图和电器布置图。

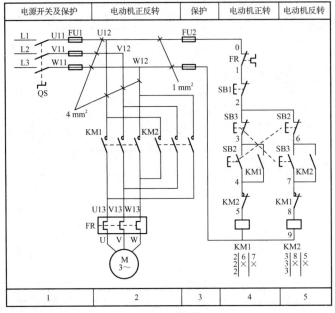

（a）电气原理图

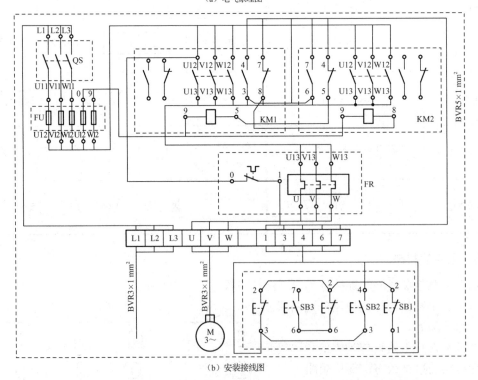

（b）安装接线图

图 1-9　电动机正反转控制系统的电气原理图、安装接线图和电器布置图

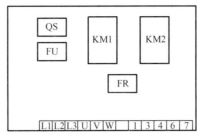

（c）电器布置图

图 1-9   电动机正反转控制系统的电气原理图、安装接线图和电器布置图（续）

5. 电气原理图的绘制与识读

在对电气原理图进行绘制与识读时，应遵循下述规定。

（1）电气原理图主要由电源电路、主电路和控制电路组成。电源电路水平绘制在电气原理图的左上角，主电路绘制在电气原理图的左侧并垂直于电源电路，控制电路绘制在主电路的右侧。在控制电路中，其上半部分绘制各条支路公用的主令电器触头，下半部分绘制并联的各条支路；在每条支路中，其上半部分绘制控制本条支路的主令电器触头，下半部分绘制本条支路的被控电器。

（2）根据元器件或电路的功能划分出的分区编号标在电气原理图的下方，而对应的元器件或电路的功能说明则标在电气原理图的上方。

（3）电气原理图中的电气设备和电气元器件统一使用国家标准规定的电路符号来绘制。

（4）电气原理图中的触头按元器件未通电或未受外力作用时的自然状态绘制，垂直放置的触头以垂直线为中心绘制成"左开右闭"，水平放置的触头以水平线为中心绘制成"上闭下开"。

（5）有直接电联系的交叉线条的十字交叉处要绘制实心小黑圆点。

（6）电源电路的 3 根相线 L1、L2、L3，中性线 N，保护地线 PE 按从上到下的顺序排列。

（7）电源开关后的导线按从左到右的顺序标为 U11、V11、W11，每经过一个元器件，顺序号加 1，如 U12、V12、W12、U13、V13、W13、……。一台电动机的导线按从左到右的顺序标为 U、V、W，多台电动机的导线则按从左到右的顺序标为 1 U、1 V、1 W、2 U、2 V、2 W、……。

（8）控制电路中的导线按"等电位"原则从上至下、从左至右用数字标注，每经过一个元器件，编号加 1。其中，主控制电路的起始编号为 1，指示电路的起始编号为 101，照明电路的起始编号为 201。

1.2.4 任务实施

1. 器材准备

电动机正反转控制系统的电气原理图如图 1-9（a）所示。

2. 训练步骤

电气原理图的识读方法是：纵观全图，找到三大电路的位置；微观各分电路，了解各分电路低压电器的构成情况；分析电路工作原理，先看接通或断开某一主令电器触头时哪个被控电器将运行或停止，再看该被控电器运行或停止后将引起主电路或控制电路发生什么样的变化。

1）纵观全图

该电动机正反转控制系统由电源开关及保护、电动机正反转、保护、电动机正转和电动机反转组成，其中 1 属于电源电路，2 属于主电路，3、4 和 5 属于控制电路。

2）微观各分电路

在该电动机正反转控制系统中，电源电路由电源引入线、闸刀开关和熔断器组成。主电路由正转接触器主触头、反转接触器主触头、热继电器发热元件和电动机组成。控制电路则由正转控制支路和反转控制支路组成。其中，正转控制支路由熔断器、热继电器常闭触头、停止开关、反转启动复合按钮开关的常闭触头、正转启动复合按钮开关的常开触头、正转接触器辅助常开触头、反转接触器辅助常闭触头和正转接触器线圈组成；反转控制支路由熔断器、热继电器常闭触头、停止开关、正转启动复合按钮开关的常闭触头、反转启动复合按钮开关的常开触头、反转接触器辅助常开触头、正转接触器辅助常闭触头和反转接触器线圈组成。

在控制电路中，通常把接触器线圈前面的（绘制在接触器线圈上方的）由多个触头串并联而成的电路称为接触器线圈的控制条件。因此，控制条件形成电流通路时接触器线圈得电，控制条件未形成电流通路时接触器线圈失电。

3）分析电路工作原理

闭合闸刀开关 QS，按下正转启动复合按钮开关 SB2 的常开触头，正转控制支路形成电流通路，正转接触器 KM1 线圈得电，正转接触器 KM1 主触头接通，三相电源按正相序加到电动机 M 上，电动机 M 开始正转，当松开正转启动复合按钮开关 SB2 的常开触头时，由于正转接触器 KM1 辅助常开触头已经闭合，正转控制支路仍能形成电流通路，故电动机 M 保持连续正转；在按下正转启动复合按钮开关 SB2 常开触头的同时，由于正转启动复合按钮开关 SB2 的常闭触头和正转接触器 KM1 辅助常闭触头均断开，反转控制支路无法形成电流通路，故电动机 M 不会在正转过程中启动反转；按下停止开关 SB1，正转控制支路电流通路被切断，正转接触器 KM1 线圈失电，电动机 M 停止正转。

与正转过程相同，闭合闸刀开关 QS，按下反转启动复合按钮开关 SB3 的常开触头，反转控制支路形成电流通路，反转接触器 KM2 线圈得电，反转接触器 KM2 主触头接通，三相电源改变相序后加到电动机 M 上，电动机 M 开始反转，当松开反转启动复合按钮开关 SB3 的常闭触头时，由于反转接触器 KM2 辅助常开触头已经闭合，反转控制支路仍能形成电流通路，故电动机 M 保持连续反转；在按下反转启动复合按钮开关 SB3 常开触头的同时，由于反转启动复合按钮开关 SB3 的常闭触头和反转接触器 KM2 辅助常闭触头均断开，正转控制支路无法形成电流通路，故电动机 M 不会在反转过程中启动正转；按下停止开关 SB1，反转控制支路电流通路被切断，反转接触器 KM2 线圈失电，电动机 M 停止反转。

3. 训练总结

通过本次训练，学生不仅能够掌握电气原理图的识读步骤和方法，还能了解电气原理图的绘制规则，从而对电气原理图有一个基本的认识。

自测习题 1.2

（1）电路符号包括_____和_____，两者缺一不可。

（2）电气原理图主要由_____、_____和_____构成。

（3）在控制电路中，其上半部分绘制_____，下半部分绘制_____；在每条支路中，其上半部分绘制_____，下半部分绘制_____。

（4）什么叫电气原理图？

（5）控制电路绘制在电气原理图的哪个位置？

（6）在控制电路中，什么是控制条件？接触器线圈分别在什么情况下得电或失电？

（7）如何分析电气控制系统的工作原理？

任务 1.3 剖析电气控制系统的电气原理图

1.3.1 任务内容

（1）分析电动机电气控制系统的工作过程。

（2）绘制电动机电气控制系统的电气原理图。

1.3.2 任务分析

学生在分析电动机电气控制系统的工作过程中，不仅要了解电气控制系统的工作原理，还要掌握主令电器是如何控制被控电器的，这对于准确理解和正确绘制梯形图程序十分有益。因此，设置本任务的目的是，使学生通过剖析几种典型的电动机控制系统电气原理图的工作过程，掌握传统继电接触器控制系统的主令电器是如何控制被控电器的得电和失电的，同时学会传统继电接触器控制系统电气原理图的绘制方法，为绘制梯形图程序做好铺垫。

1.3.3 相关知识

因为电动机控制系统是典型的电气控制系统，所以学生了解电动机控制系统的工作过程，对于理解各种电气控制系统的工作原理及工作过程，掌握主令电器是如何控制被控电器的，具有十分重要的意义。学生可在 Y/△形降压启动控制系统电气原理图的基础上，掌握常见电动机控制系统的电气原理，并能识读和绘制复杂的电气控制系统的电气原理图。

1. 点动正转控制系统

点动正转控制系统的电气原理图如图 1-10 所示。图 1-10 中的电源电路由 3 根相线和电源开关 QS 组成；图 1-10 中的主电路由熔断器 FU1、接触器 KM 主触头和电动机 M 组成；图 1-10 中的控制电路由点动按钮开关 SB 和接触器 KM 线圈组成。

点动正转控制系统的工作过程：当闭合电源开关 QS，按下点动按钮开关 SB 时，电流从 L1 流出，经电源开关 QS、熔断器 FU2、点动按钮开关 SB、接触器 KM 线圈、熔断器 FU2、电源开关 QS 回到 L2，于是接触器 KM 线圈得电，接触器 KM 主触头闭合，三相电源经电源开关 QS、熔断器 FU1、接触器 KM 主触头加到电动机 M 上，电动机 M 开始运转；松开点动按钮开关 SB 时，控制电路断开，接触器 KM 线圈失电，接触器 KM 主触头断开，电动机 M 断电，故电动机 M 停转。由于按下点动按钮开关 SB 后电动机 M 运转，松开点动按钮开关 SB 后电动机 M 停转，所以该系统称为点动控制系统。

2. 连续正转控制系统

连续正转控制系统的电气原理图如图 1-11 所示。图 1-11 中的电源电路由 3 根相线和电

源开关 QS 组成；图 1-11 中的主电路由熔断器 FU1、接触器 KM 主触头、热继电器 FR 发热元件和电动机 M 组成；图 1-11 中的控制电路由热继电器 FR 常闭触头、停止开关 SB2、启动开关 SB1、接触器 KM 辅助常开触头和接触器 KM 线圈组成。

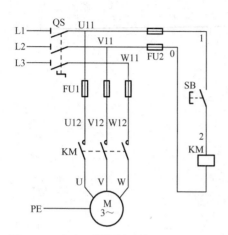

图 1-10　点动正转控制系统的电气原理图

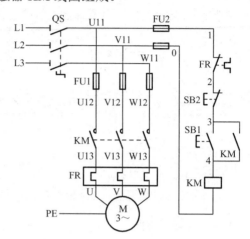

图 1-11　连续正转控制系统的电气原理图

连续正转控制系统的工作过程：当闭合电源开关 QS，按下启动开关 SB1 时，电流从 L1 流出，经电源开关 QS、熔断器 FU2、热继电器 FR 常闭触头、停止开关 SB2、启动开关 SB1、接触器 KM 线圈、熔断器 FU2、电源开关 QS 回到 L2，于是接触器 KM 线圈得电，接触器 KM 辅助常开触头和接触器 KM 主触头同时闭合，三相电源经电源开关 QS、熔断器 FU1、接触器 KM 主触头、热继电器 FR 发热元件加到电动机 M 上，电动机 M 开始运转；松开启动开关 SB1 时，由于接触器 KM 辅助常开触头已闭合，故仍有电流从 L1 流出，经电源开关 QS、熔断器 FU2、热继电器 FR 常闭触头、停止开关 SB2、接触器 KM 辅助常开触头、接触器 KM 线圈、熔断器 FU2、电源开关 QS 回到 L2，接触器 KM 线圈保持得电，这样接触器 KM 主触头就能保持闭合，故电动机 M 继续运转；按下停止开关 SB2 时，控制电路断开，接触器 KM 线圈失电，接触器 KM 主触头断开，电动机 M 断电，故电动机 M 停转。

在启动开关两端并接接触器辅助常开触头，当启动开关断开后，接触器辅助常开触头便替代启动开关以使控制电路通电。接触器辅助常开触头所起作用称为接触器自锁。

由启动开关、保持开关（接触器辅助常开触头）和停止开关组成的电路称为电动机的启动-保持-停止电路，简称启-保-停电路，如图 1-12 所示。

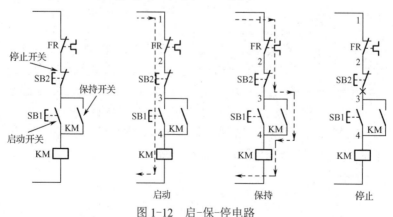

图 1-12　启-保-停电路

启-保-停电路是电气控制系统中一个非常重要的基础电路。可以说所有电气控制系统中的控制电路都是在启-保-停电路的基础上衍生发展出来的。因此，学生掌握启-保-停电路的工作过程和工作原理，对其分析复杂控制电路的工作原理是十分重要的。

电气控制系统的工作过程若用工作流程图来说明会更加清晰直观。连续正转控制系统的工作流程图如下。

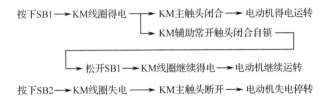

3. 连续与点动混合控制系统

连续与点动混合控制系统的电气原理图如图 1-13 所示，其控制电路是在启-保-停电路的基础上增加了 1 个复合按钮开关 SB3。该系统的工作过程为按下复合按钮开关 SB3 时，电动机得电运转，但由于复合按钮开关 SB3 常闭触头断开，接触器 KM 辅助常开触头无法自锁，故松开复合按钮开关 SB3 时电动机立即停转，从而实现了点动运转控制功能。

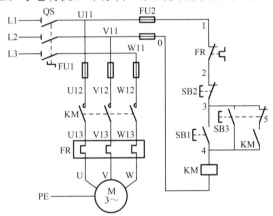

图 1-13　连续与点动混合控制系统的电气原理图

而按下启动开关 SB1 时，电动机得电运转，此时由于复合按钮开关 SB3 常闭触头是闭合的，接触器 KM 辅助常开触头可以自锁，故松开启动开关 SB1 时电动机仍能继续运转，直到按下停止开关 SB2 时电动机才停转，从而实现了连续运转控制功能。

4. 两地启停控制系统

两地启停控制系统的电气原理图如图 1-14 所示，其控制电路是在启-保-停电路的基础上增加了一个启动开关和一个停止开关（启动开关并联、停止开关串联），以实现两地启停同一台设备的功能。

5. Y/△形降压启动控制系统

△形接法电动机的工作电流是 Y 形接法电动机的 3 倍，但其启动时会使其他电动机无法正常启动。因此，为了减小启动电流，△形接法电动机常采用 Y/△形降压启动方法，即启动时把电动机接成 Y 形，启动后把电动机接成△形。Y/△形降压启动控制系统的电气原理图如图 1-15 所示。

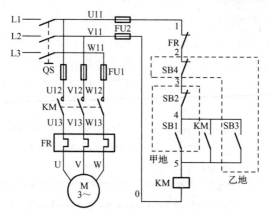

图 1-14　两地启停控制系统的电气原理图

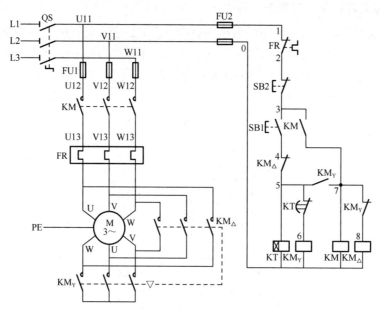

图 1-15　Y/△形降压启动控制系统的电气原理图

Y/△形降压启动控制系统的工作流程图如下。

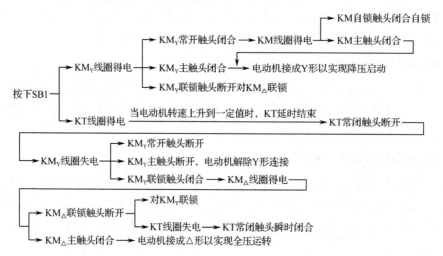

6. 顺序启动逆序停止控制系统

在工业生产中，有些机械启动时需要先启动甲电动机再启动乙电动机，而停机时需要先停掉乙电动机再停掉甲电动机，实现此功能的顺序启动逆序停止控制系统的电气原理图如图 1-16 所示。

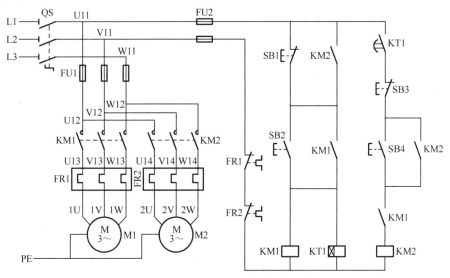

图 1-16 顺序启动逆序停止控制系统的电气原理图

顺序启动逆序停止控制系统的工作流程图如下。

（1）顺序启动的工作流程图如下。

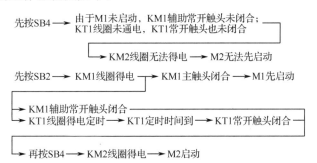

（2）逆序停止的工作流程图如下。

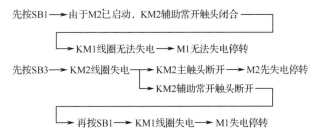

7. 复合联锁正反转控制系统

复合联锁正反转控制系统的电气原理图如图 1-17 所示。

在图 1-17 中，若按下正转启动开关 SB1，其常闭触头断开就切断了反转控制电路，若按

下反转启动开关 SB2，其常闭触头断开就切断了正转控制电路，这样就有效防止了正转接触器 KM1 主触头与反转接触器 KM2 主触头同时接通造成电源短路事故，这种功能称为按钮互锁。

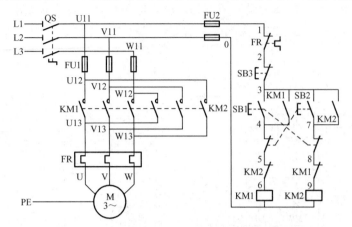

图 1-17　复合联锁正反转控制系统的电气原理图

若正转接触器 KM1 线圈得电，其辅助常闭触头断开就切断了反转控制电路，若反转接触器 KM2 线圈得电，其辅助常闭触头断开就切断了正转控制电路，同样有效防止正转接触器主触头与反转接触器主触头同时接通造成电源短路事故，这种功能称为接触器互锁。

既使用按钮互锁，又使用接触器互锁的电路，称为复合联锁电路。

因为复合联锁电路既能有效防止因启动开关常闭触头烧死而失去按钮互锁功能，又能有效防止因接触器辅助常闭触头烧死而失去接触器互锁功能，所以复合联锁电路是一个具有双重保险的电路。

复合联锁正反转控制系统的工作流程图如下。

（1）正转控制的工作流程图如下。

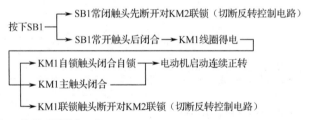

（2）反转控制的工作流程图如下。

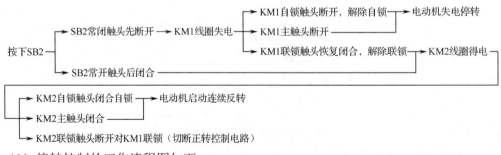

（3）停转控制的工作流程图如下。

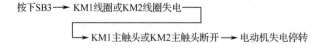

8. 位置控制系统

在正反转控制系统的基础上增加 2 个位置开关 SQ1 和 SQ2，就成了位置（限位）控制系统，其作用是控制工业生产中的行车在运料到达限定位置时，能自动停止运行。位置控制系统的电气原理图如图 1-18 所示。

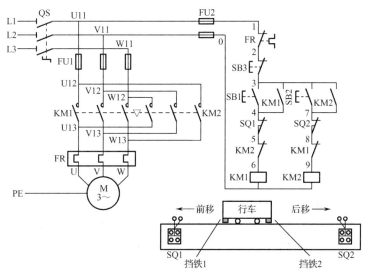

图 1-18　位置控制系统的电气原理图

位置控制系统的工作流程图如下。

（1）行车向前运动的工作流程图如下。

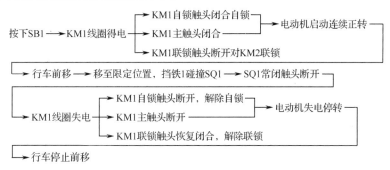

这时即使再按 SB1，由于位置开关 SQ1 被行车顶着而使其常闭触头处于断开状态，故行车前移，接触器也无法得电，电动机就不会继续运转，行车也就不会继续前移。

（2）行车向后运动的工作流程图如下。

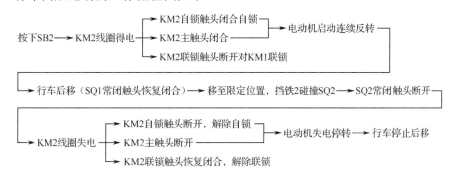

同样这时即使再按 SB2，由于位置开关 SQ2 被行车顶着而使其常闭触头处于断开状态，故行车后移，接触器也无法得电，电动机就不会继续反转，行车也就不会继续后移。

需要停车时，按下 SB3 即可。

9. 工作台自动往返控制系统

在正反转控制系统的基础上增加 2 个复合位置开关 SQ1 和 SQ2，就形成了工作台自动往返控制系统，其作用是控制机床上工作台在限定位置内的自动往返运动。工作台自动往返控制系统的电气原理图如图 1-19 所示。

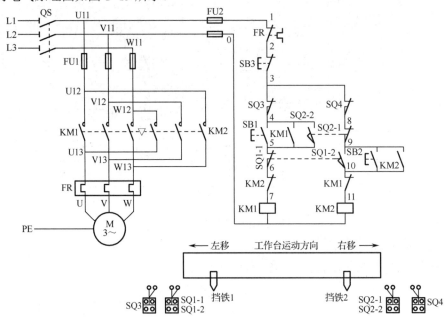

图 1-19　工作台自动往返控制系统的电气原理图

工作台自动往返控制系统的工作流程图如下。

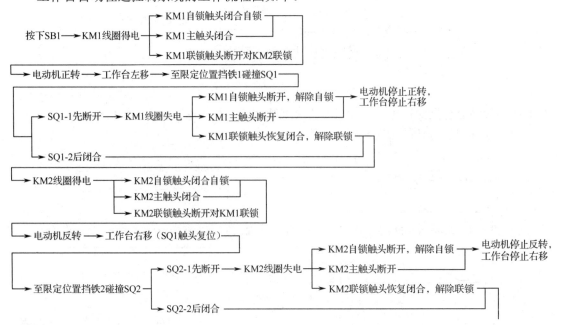

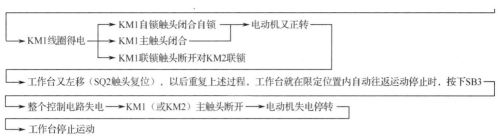

```
                          ┌─→ KM1自锁触头闭合自锁 ──→ 电动机又正转 ─┐
  └─→ KM1线圈得电 ────────┼─→ KM1主触头闭合 ──────────────────────┤
                          └─→ KM1联锁触头断开对KM2联锁 ─────────────┘

  └─→ 工作台又左移（SQ2触头复位），以后重复上述过程，工作台就在限定位置内自动往返运动停止时，按下SB3 ─┐

  └─→ 整个控制电路失电 ──→ KM1（或KM2）主触头断开 ──→ 电动机失电停转 ─┐

  └─→ 工作台停止运动
```

10. 电容制动控制系统

电容制动控制系统的电气原理图如图 1-20 所示。电动机切断电源后，转子上的剩磁切割定子绕组，在定子绕组上产生感应电动势，该感应电动势对电容充电时便在定子绕组中形成感应电流，定子绕组中的感应电流与转子的剩磁共同作用，便在转子上产生一个反转力矩，迫使电动机迅速停转。

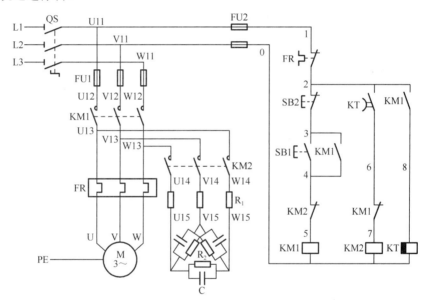

图 1-20　电容制动控制系统的电气原理图

电容制动控制系统的工作流程图如下。

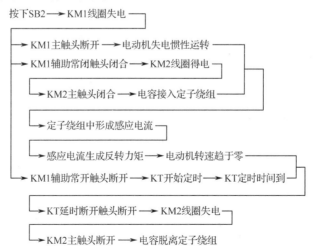

```
按下SB2 ──→ KM1线圈失电 ─┐

  ├─→ KM1主触头断开 ──→ 电动机失电惯性运转 ─┐
  ├─→ KM1辅助常闭触头闭合 ──→ KM2线圈得电 ──┤
  ├─→ KM2主触头闭合 ──→ 电容接入定子绕组 ───┤
  ├─→ 定子绕组中形成感应电流 ────────────────┤
  ├─→ 感应电流生成反转力矩 ──→ 电动机转速趋于零 ─┤
  ├─→ KM1辅助常开触头断开 ──→ KT开始定时 ──→ KT定时时间到 ─┤
  ├─→ KT延时断开触头断开 ──→ KM2线圈失电 ─┐
  └─→ KM2主触头断开 ──→ 电容脱离定子绕组
```

1.3.4 任务实施

1. 器材准备

（1）准备绘图专用纸 1 张。

（2）准备绘图工具 1 套。

2. 训练步骤

绘制图 1-21 所示的电动机 Y/△形降压启动控制系统的电气原理图，重点是学会电气控制系统中控制电路的绘制格式和步骤，为理解和绘制梯形图程序打好基础。

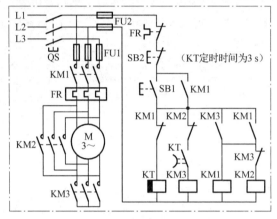

图 1-21　电动机 Y/△形降压启动控制系统的电气原理图

1）绘制电源电路

（1）在图纸的左上方绘制 3 条水平的平行线并在平行线左侧标注 L1、L2、L3。

（2）在平行线右侧绘制电源开关的图形符号并标注文字符号 QS（这里强调绘制图形符号并标注文字符号，其目的是让学生注意在绘制电路符号时必须既要绘制图形符号又要标注文字符号）。

绘制好的电源电路如图 1-22（a）所示。

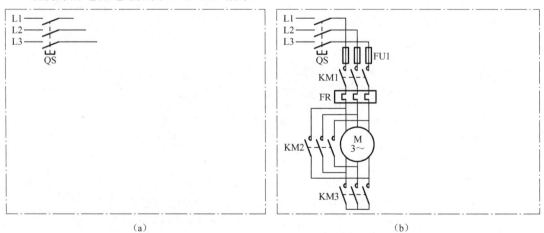

（a）　　　　　　　　　　　　　　　　　（b）

图 1-22　电动机 Y/△形降压启动控制系统电源电路和主电路的电气原理图

2）绘制主电路

（1）在电源电路的下方（电源开关 QS 的右下方）绘制熔断器 FU1 的电路符号及连接导线。

（2）在熔断器 FU1 的下方绘制接触器 KM1 主触头的电路符号及连接导线。

（3）在接触器 KM1 主触头的下方绘制热继电器 FR 发热元件的电路符号及连接导线。

（4）在热继电器 FR 发热元件的下方绘制三相电动机 M 的电路符号及连接导线。

（5）在三相电动机 M 的下方绘制接触器 KM3 主触头的电路符号及连接导线。

（6）在三相电动机 M 的左侧绘制接触器 KM2 主触头的电路符号及连接导线。

绘制好的电源电路和主电路如图 1-22（b）所示。

3）绘制控制电路

（1）绘制控制电路公用的主令电器触头部分，如图 1-23（a）所示。

① 在主电路的右侧绘制熔断器 FU2 的电路符号及连接导线。

② 在熔断器 FU2 的右下方绘制热继电器 FR 常闭触头的电路符号及连接导线。

③ 在热继电器 FR 常闭触头的下方绘制停止开关 SB2 常闭触头的电路符号及连接导线。

④ 在停止开关 SB2 常闭触头的下方绘制启动开关 SB1 常开触头的电路符号及连接导线。

⑤ 在启动开关 SB1 常开触头的右侧绘制接触器 KM1 辅助常开触头的电路符号及连接导线。

（2）绘制并联的第 1 条支路，如图 1-23（b）所示。

① 在启动开关 SB1 常开触头的下方绘制接触器 KM1 辅助常闭触头的电路符号及连接导线。

② 在接触器 KM1 辅助常闭触头的下方绘制断电延时型时间继电器 KT 线圈的电路符号及连接导线。

（3）绘制并联的第 2 条支路，如图 1-23（c）所示。

① 在接触器 KM1 辅助常开触头的下方绘制接触器 KM2 辅助常闭触头的电路符号及连接导线。

② 在接触器 KM2 辅助常闭触头的下方绘制断电延时型时间继电器 KT 延时常开触头的电路符号及连接导线。

③ 在断电延时型时间继电器 KT 延时常开触头的下方绘制接触器 KM3 线圈的电路符号及连接导线。

（4）绘制并联的第 3 条支路，如图 1-23（d）所示。

① 在接触器 KM2 辅助常闭触头的右侧分别绘制接触器 KM3 辅助常开触头、接触器 KM1 辅助常开触头的电路符号及连接导线。

② 在接触器 KM3 辅助常开触头的下方绘制接触器 KM1 线圈的电路符号及连接导线。

③ 在接触器 KM1 辅助常开触头的下方绘制接触器 KM3 辅助常闭触头的电路符号及连接导线。

④ 在接触器 KM3 辅助常闭触头的下方绘制接触器 KM2 线圈的电路符号及连接导线。

（5）绘制的控制电路如图 1-23（d）所示。

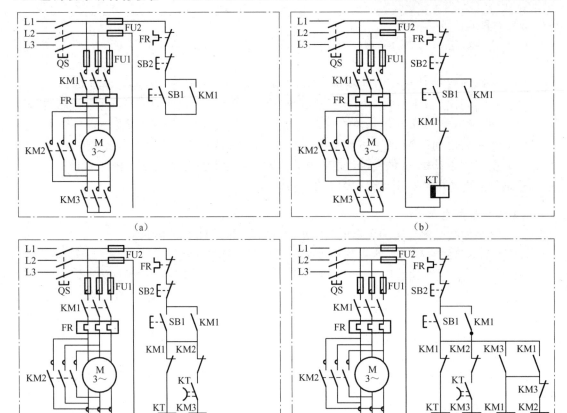

图 1-23　绘制的控制电路

至此，电动机 Y/△形降压启动控制系统的电气原理图就绘制完成了。

3. 训练总结

通过本次训练，学生不仅可以掌握绘制电气原理图的方法，还可以掌握电气原理图中控制电路的绘制格式和步骤，从而为其理解和绘制梯形图程序打下基础。

自测习题 1.3

（1）所有电动机电气控制系统中的控制电路都是在_____电路的基础上衍生发展出来的。

（2）在绘制电路符号时，必须既要绘制_____，又要标注_____。

（3）在绘制控制电路时，首先绘制控制电路_____的主令电器触头部分，其次绘制并联的_____支路，再次绘制并联的_____支路，最后绘制并联的第 *n* 条支路。

（4）什么叫启-保-停电路？

（5）什么叫接触器自锁？

（6）什么叫按钮互锁？什么叫接触器互锁？什么叫复合联锁？

项目 2

认识 PLC

项目内容

（1）PLC 的定义。

（2）PLC 的基本构成及其等效功能。

（3）用 PLC 实现"万能虚拟接线网络"功能的原理。

（4）PLC 的工作方式。

（5）PLC 的工作原理。

（6）PLC 应用设计的设计内容与设计步骤。

知识目标

（1）了解 PLC 内部的基本构成。

（2）掌握 PLC 实现"万能虚拟接线网络"功能的原理。

（3）了解 PLC 的工作方式。

（4）掌握 PLC 的工作原理。

技能目标

（1）了解 PLC 面板的基本构成。

（2）掌握 PLC 应用设计的设计内容与设计步骤。

PLC（Programmable Logic Controller，可编程逻辑控制器）的工作原理是怎样的？PLC 的应用技术包括哪些？怎样学习才能迅速掌握 PLC 的应用技术？这些问题对于尚未学习 PLC 相关知识的学生来说，都是不了解的，也是迫切想知道的，那就让我们从认识 PLC 开始学习吧。

目前，世界上生产 PLC 的厂家有很多，从微型 PLC 到超大型 PLC，有相当多的产品系

列。世界主要的 PLC 品牌有德国的西门子，法国的施耐德，日本的欧姆龙和三菱，中国的和利时、信捷、永宏、安控、台达、海为等。常见的 PLC 有三菱 FX 系列、FX2N 系列，西门子 S5、S7 系列，欧姆龙 CP1E、CP1L、CP1H 系列，和利时 LE、LK 系列等。本书主要以三菱 FX2N 系列 PLC 为例，来介绍用 PLC 进行的硬件设计、软件设计、任务实施等。学生只要学会一种 PLC 的应用技术，就能很容易地掌握其他同类产品的应用技能与方法。因此，本书将弱化具体产品，突出通用性 PLC 知识学习与应用技能训练。

任务 2.1　观察 PLC 的外部形状

2.1.1　任务内容

（1）观察 PLC 的外部形状，了解 PLC 面板的基本构成。
（2）探寻 PLC 的产生、发展和应用；了解 PLC 的优点。

2.1.2　任务分析

PLC 是什么？它是一个用于什么方面的产品？这两个问题对于尚未学习 PLC 相关知识的学生来说，都是不太了解的。因此，设置本任务的目的是，使学生通过观察 PLC 的外部形状和面板，从而对 PLC 有个初步的认识，同时通过相关知识的学习，了解 PLC 的研发初衷、发展过程、应用领域及其优点。

2.1.3　相关知识

1. PLC 的发展、定义与优点

1980 年，美国全国电气制造商协会（National Electrical Manufacturers Association, NEMA）鉴于 PLC 的功能已经发展到不仅可以对开关量进行逻辑控制，还可以对模拟量进行过程控制的程度，将 PLC 更名为了 PC（Programmable Controller，可编程序控制器）。但是，人们考虑到了以下问题。

（1）PC 的主体仍然是 PLC，它的主体功能依然是对开关量进行逻辑控制，这两个要素并未改变。虽然它现在已经能对模拟量进行过程控制，但这仅仅是 PLC 通过外接 A/D 单元和 D/A 单元扩展出来的附加功能。

（2）PC 进行工作时，CPU 根据用户程序（也称应用程序或控制程序）规定的逻辑关系对相关的开关量进行逻辑运算而不是模拟运算。

（3）PC 易与个人计算机（Personal Computer，PC）相互混淆。

因此，人们认为还是把 PC 称作 PLC 比较恰当，这一想法，不仅通行于业界，还得到了广大工程技术人员的普遍认可。

1）PLC 的产生与发展

20 世纪 20 年代，为了提高工业生产的自动化水平，出现了一种继电接触器控制系统。当时该系统在一定程度上确实满足了工业生产的控制要求，但因为这种系统的控制功能是通过金属导线将各种继电器、接触器及其他电器的线圈和触头按一定的逻辑关系进行连接而实现的，所以一旦产品的生产工艺需要改变，原有的接线就要全部拆除，并按照新生产工艺的

控制要求进行重新设计和重新连接安装，不但费时、费力、费钱，而且远远跟不上工业生产飞速发展的步伐。

20 世纪 60 年代末期，美国通用汽车公司为了适应生产工艺不断更新的形势，为了能在改变生产工艺时不再对继电接触器控制系统的接线进行重新连接，该公司对外公开招标，寻求一种具有如下功能的工业自动控制装置。

（1）能继续使用生产线上的按钮开关、位置开关等主令电器，以及接触器、电磁阀等被控电器。

（2）能替代硬件接线，且能随时随地改变接线方式。

（3）能像电子计算机那样用程序来描述接线方式，但程序的编写要简单易学。

（4）能直接连接在主令电器与被控电器之间。

1969 年，美国数字设备公司针对美国通用汽车公司提出的招标要求，把电子计算机引入继电接触器控制系统中，使电子计算机功能强大、程序可编、通用性强的优点与继电接触器控制系统原理易懂、被工程技术人员十分熟悉的优点有机地结合起来，研制出了世界上第 1 台 PLC。

自美国数字设备公司研制出第 1 台 PLC 以来，随着集成电路技术、微处理器技术、单片机技术和计算机网络技术在 PLC 上的应用，PLC 的功能在不断扩展，性能在不断完善，应用技术更是日臻成熟。PLC 应用技术与 EDA 技术、数控技术及工业机器人技术已成为当今工业生产自动化的关键技术。纵观 PLC 的发展，PLC 经历了如下时期。

（1）20 世纪 70 年代末期的创新与成长期。在这一时期，随着集成电路技术的发展，PLC 中的二极管阵列由数字集成电路取代，PLC 的功能便在简单的顺序控制功能基础上增加了逻辑运算、定时和计数功能。

（2）20 世纪 70 年代末期到 20 世纪 80 年代的功能扩展期。在这一时期，微处理器技术日趋成熟，PLC 中引入微处理器后，功能得到了迅速扩展，不仅具备数据传送、比较等功能，还具备模拟运算功能。

（3）20 世纪 80 年代中期到 20 世纪 90 年代中期的联机通信期。在这一时期，单片机技术发展迅猛，使得 PLC 具备了如浮点运算、平方运算、函数运算、查表、脉宽调制等特殊功能。

（4）20 世纪 90 年代至今的网络化期。在这一时期，计算机网络技术迅速普及，它不仅使 PLC 具备了高速计数、中断、PID（比例、积分、微分）控制功能，还提高了 PLC 与计算机联网通信的能力。

目前 PLC 正向以下 5 个方向发展。

（1）向高速度大容量方向发展。发展高速度大容量的 PLC，是为了提高 PLC 的处理能力。目前已有速度达 0.4 ms/K 步、容量达数十兆字节的 PLC 出现。

（2）向超大型、超小型方向发展。发展超大型 PLC 和超小型 PLC 都是当今市场的需要。目前已有 I/O 总数达 14336 点的超大型 PLC 和 I/O 总数仅仅只有 8 点的超小型 PLC 面市。

（3）向开发智能模块，提高 PLC 与计算机联网通信能力方向发展。开发智能模块是扩展 PLC 功能、扩大 PLC 应用领域的需要。提高 PLC 与计算机联网通信的能力，可更充分地利用计算机网络资源，弥补 PLC 在数据计算、复杂控制和系统管理方面的不足，进一步提高 PLC 的性能。

（4）向编程语言多样化方向发展。编程语言多样化有利于掌握不同编程语言的人员使用 PLC，使 PLC 的应用更普及、更方便。

（5）向虚拟 PLC 方向发展。虚拟 PLC 又称软件 PLC，它是一种基于计算机结构的控制系统，且完全取代了硬件 PLC，因为其不仅能实现硬件 PLC 所具备的全部功能，还能充分发挥工业计算机的各种优点。

2）PLC 的定义

PLC 自问世到现在一直处在不断的发展和完善之中。在 1987 年 2 月，国际电工委员会（International Electrotechnical Committee，IEC）在发布的 PLC 标准草案中特别强调了 PLC 应符合如下要求。

（1）它是一种包含计算机的自动控制装置。

（2）专为在工业环境下应用而设计。

（3）存储的程序可修改且编程方便，指令系统面向用户。

（4）具备逻辑运算、顺序控制、定时、计数和算术运算等功能。

（5）既能进行数字量输入/输出控制，又能进行模拟量输入/输出控制。

（6）易于与控制系统连成一体，实现机电一体化。

从上述要求中可看出，当前业界认可的 PLC 的定义是：PLC 是一种专门用于工业环境下以开关量逻辑控制为主的自动控制装置。它采用可改写只读存储器来存放用户绘制的程序，采用单片机或微处理器来对开关量进行程序规定的逻辑运算、算术运算、定时、计数等处理操作，并以开关量形式或者经数模转换后的模拟量形式去控制生产过程或者各种类型的机械。

3）PLC 的优点

由于 PLC 在设计、研制初期，就具备了一系列的指标和要求，而且其经过了若干年的改进和提高，因此它具备了许多突出的优点。

（1）抗干扰能力强，可靠性高。PLC 在其输入电路、输出电路和电源电路中，采取了多重屏蔽、隔离、滤波、稳压等措施，有效地抑制了外部干扰源对 PLC 的影响，从硬件方面提高了 PLC 的抗干扰能力。

PLC 中专门设置了故障检测和诊断程序，能迅速检查出故障情况并准确指示出故障所在位置，同时采取保存信息、停止运行等保护性措施，从软件方面提高了 PLC 的可靠性。另外，PLC 用大规模集成电路替代分立元件，用电子存储器的状态替代机械触头的状态，用软件替代金属导线的连接，进一步提高了 PLC 的可靠性。因此，目前 PLC 的可靠性已远远超出了人们提出的可靠性要求。

（2）功能强，适应面广。现代 PLC 不仅具备逻辑运算、定时、计数、顺序控制等功能，还具备 A/D 转换、D/A 转换、数值运算、数据处理、通信等功能。因此，PLC 既可以对开关量进行逻辑控制，也可以对模拟量进行过程控制；既可以控制一台机械设备、一条生产线，也可以控制一个生产过程，同时还可以与上位计算机构成分布式控制系统。

（3）编程语言简单易学。在 PLC 的编程语言中，有一种梯形图语言，它使用的图形符号和表达形式与传统继电接触器控制系统控制电路原理图非常接近。稍有电气控制基础的技术人员通过短期学习就能很快掌握梯形图语言，从而绘制出满足控制要求的程序。

（4）通用性强，使用方便。对于同一台 PLC 来说，只需改变一下软件程序，就既能够实现不同的控制功能，又能够适应不同的生产工艺，因此其通用性极强，使用十分方便。

（5）系统组合灵活方便。PLC 品种多，档次也多，已形成系列化和模块化，用户可以根据实际需要选用不同的模块来灵活地组成不同的控制系统，从而满足不同的控制要求。

（6）体积小，质量轻，易于实现机电一体化。PLC 采用大规模集成电路组装，质量轻，功耗低，体积也很小，可安装到机械设备的内部，非常容易实现机电一体化。

（7）设计、安装和调试的周期短。PLC 的设计和调试工作都可先在实验室内完成。硬件设计工作为确定 PLC 的硬件配置和绘制硬件接线图。安装工作也仅仅是主令电器与输入接口之间、被控电器与输出接口之间的接线工作，简单方便迅速。

2. PLC 控制系统与其他工业控制系统的比较

1）PLC 控制系统与继电接触器控制系统的比较

PLC 控制系统与继电接触器控制系统的比较情况如表 2-1 所示。

表 2-1　PLC 控制系统与继电接触器控制系统的比较情况

项　　目	PLC 控制系统	继电接触器控制系统
系统构成	硬件电器加存储器和用户程序	硬件电器加硬件接线
触头数量	无限	较少
体积	较小	庞大
控制功能的实现	通过绘制用户程序	用导线连接各电器
变更工艺的方法	修改用户程序	改变接线
工艺扩展	容易	较难
控制速度	电子器件，响应速度快	机械触头，响应速度慢
可靠性	高	低
维护性	自诊断和故障指示，维护方便	故障不易查找，工作量大
寿命	长	短

从表 2-1 可看出：PLC 控制系统与继电接触器控制系统相比，PLC 控制系统显示出了强大的优越性，这正是继电接触器控制系统迅速被 PLC 控制系统取代的重要原因。

2）PLC 控制系统与工业计算机控制系统的比较

PLC 控制系统与工业计算机控制系统的比较情况如表 2-2 所示。

表 2-2　PLC 控制系统与工业计算机控制系统的比较情况

项　　目	PLC 控制系统	工业计算机控制系统
工作目的	工业控制	数据计算和管理
工作环境	能适应恶劣的工业环境	不能适应较恶劣的工业环境
工作方式	扫描方式	中断方式
系统软件	比较简单	十分强大
编程语言	梯形图语言、顺序功能图	汇编语言、高级语言
对内存要求	容量小	容量大
对使用者要求	具有电气控制基础即可	具有一定的计算机基础

从表 2-2 可看出：工业计算机控制系统具有强大的数据计算和管理能力，在要求速度快、实时性强、模型复杂的工业控制中占有相当大的优势，PLC 控制系统则在适应工业环境、掌握编程语言方面略胜一筹。当前，PLC 越来越多地采用计算机网络技术并提高了与计算机联

网通信的能力，且因为 PLC 注重于功能控制，计算机注重于信息处理，两者优势互补，所以 PLC 应用发展迅速。

3. PLC 的应用领域

由于 PLC 具有许多突出的优点，因此它不仅在工业领域得到了广泛的应用，还在文化娱乐领域得到了应用。随着 PLC 性价比的提高，过去使用专用计算机的场合，也纷纷转向使用 PLC，从而使 PLC 的应用范围不断扩大。总的来说，PLC 大致有如下方面的应用。

1）开关量的逻辑控制

开关量的逻辑控制是 PLC 最基本、最广泛的应用。在工业生产中，许多部门的单机控制、多机群控制甚至生产线控制，需要处理的都是一些开关量，其控制过程都具有很强的逻辑性，因此，使用 PLC 可以非常完美地实现这些逻辑控制。

2）模拟量的过程控制

模拟量的过程控制是 PLC 新发展起来的一种应用。在工业生产中，许多场合需要对各种连续变化的模拟量（如温度、压力、流量、位置、速度等）进行控制。由于目前 PLC 配备了 A/D 转换单元和 D/A 转换单元，因此它可以实现对模拟量的过程控制。如果 PLC 配备了 PID 单元，那么当控制过程中某一个变量出现偏差时，PID 单元可以按照 PID 算法计算出正确的数值，使变量保持在整定值上，这样可以实现对模拟量的过程控制。

3）数据处理

由于目前 PLC 都具有数值运算、数据传送、转换、排序、查表、位操作等功能，因此其也广泛应用于数据的采集、分析和处理。

4）计数和定时

对产品进行计数和对某些机械进行定时（延时）控制在工业生产中是必不可少的。所以，PLC 设置了大量的计数存储器（简称为计数器）和定时存储器（简称为定时器），充分满足了工业生产中计数、定时方面的需求。

5）联网通信

目前 PLC 都与计算机进行了联网，构成"集中管理、分散控制"的分布式控制系统，因此其也被应用于 PLC 与 PLC 之间、PLC 与上位计算机之间、PLC 与其他智能设备之间的通信工作。

2.1.4　任务实施

1. 器材准备

PLC 应用项目实验箱 1 个。

2. 训练步骤

1）观察 PLC 的外部形状

拆掉 PLC 应用项目实验箱上 PLC 输入/输出接口的接线，移走印制板支架，取下三菱 FX2N-32MR PLC，分别从前、后、左、右、上和下方向观察 PLC 的外部形状。

三菱 FX2N-32MR PLC 的面板图如图 2-1（a）所示。

2）了解 PLC 面板的基本构成

图 2-1（b）和图 2-1（c）所示为三菱 FX2N-32MR PLC 的正面俯视图和局部放大图。对照图 2-1（b）和图 2-1（c），在三菱 FX2N-32MR PLC 面板上依次找到：4 个安装孔、输入端子板（输入端子板上面除交流电源接线端、辅助 24 V 电源接线端和输入端子外，对角线上还有 2 颗装卸螺钉）、输入状态指示灯、输出状态指示灯、输出端子板（输出端子板上面除输出端子外，对角线上还有 2 颗装卸螺钉）、编程插座盖板、面板盖、DIN 导轨装卸用卡子、I/O 端子标记、工作状态指示灯（POWER：电源指示灯；RUN：运行指示灯；BATT.V：电池电压指示灯；PROG.E：闪烁时表示程序语法出错；CPU.E：常亮时表示 CPU 出错）、扩展插座盖板、锂电池、锂电池连接插座、外接存储器插座、功能扩展插座、RUN/STOP 工作模式开关、编程插座。

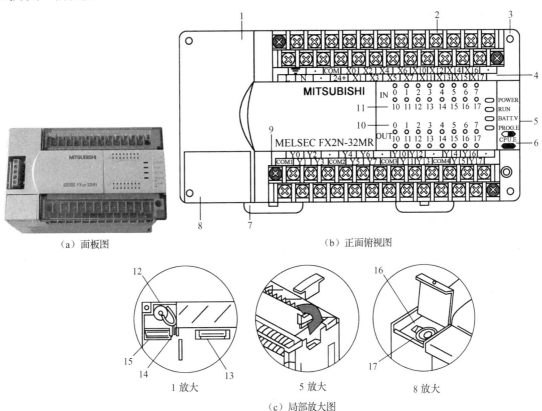

（a）面板图　　　　　　　　　　　　　　（b）正面俯视图

1 放大　　　　　　5 放大　　　　　　8 放大

（c）局部放大图

1—面板盖；2—输入端子板；3—安装孔；4—I/O 端子标记；5—扩展插座盖板；6—工作状态指示灯；

7—DIN 导轨装卸用卡子；8—编程插座盖板；9—输出端子板；10—输出状态指示灯；11—输入状态指示灯；

12—锂电池；13—外接存储器插座；14—锂电池连接插座；15—功能扩展插座；16—RUN/STOP 工作模式开关；17—编程插座

图 2-1　三菱 FX2N-32MR PLC 的外部形状和面板图

3）复原 PLC 应用项目实验箱

把三菱 FX2N-32MR PLC 重新安装到 PLC 应用项目实验箱上，安装好印制板支架，恢复 PLC 输入/输出端的接线（注意：不能接错）。

3. 训练总结

通过本次训练，学生不仅可以认识 PLC 的外部形状，还能了解 PLC 的面板主要由输入

端子板、输出端子板、I/O 端子标记、RUN/STOP 工作模式开关、编程插座盖板、输入状态指示灯、输出状态指示灯和工作状态指示灯组成，从而对 PLC 有一个初步的认识。各种品牌的 PLC 外部形状可能不同，但其面板的主要功能基本一致。

自测习题 2.1

（1）PLC 面板主要由_____、_____、_____、_____、_____、_____、_____和_____构成。

（2）PLC 大致可应用于_____、_____、_____、_____和_____方面。

（3）什么是 PLC？

（4）PLC 是如何定义的？

（5）PLC 具有哪些突出的优点？

任务 2.2　探索 PLC 的内部构成

2.2.1　任务内容

（1）拆卸 PLC 查看其内部构成。

（2）探究 PLC 各构成的作用。

2.2.2　任务分析

学生只有把 PLC 的内部构成、各构成的作用及各构成之间的相互关系了解清楚后，才能准确地理解 PLC 的工作原理。因此，设置本任务的目的是，使学生通过拆卸 PLC 查看其内部构成，以对 PLC 的内部构成有个初步认识，同时学习 PLC 各构成的作用及各构成之间的相互关系，从而为理解 PLC 的工作原理做好铺垫。

2.2.3　相关知识

从图 2-2 所示的 PLC 内部构成框图来看，PLC 主要由单片机、存储器、输入/输出接口和电源构成。

1. 单片机

目前的 PLC 普遍采用单片机作为其控制中枢。

单片机主要由 CPU 和存储器构成，在图 2-2 中，单片机中的存储器被表示为输入镜像寄存器、输出镜像寄存器和辅助镜像寄存器。

单片机中的存储器被表示为输入镜

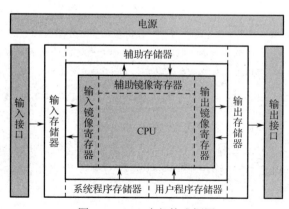

图 2-2　PLC 内部构成框图

像寄存器、输出镜像寄存器和辅助镜像寄存器的原因为，这些存储器是被专门用来临时寄存 CPU 运算时所需要的数据及 CPU 运算结果的，并且这些寄存器中的信号状态与 PLC 存储器中的信号状态始终保持着一种"镜像"关系，所以人们便根据镜像寄存器的不同用途将它们分别称为输入镜像寄存器、输出镜像寄存器和辅助镜像寄存器。

输入镜像寄存器、输出镜像寄存器和辅助镜像寄存器在 PLC 中的作用为寄存信号状态（输入镜像寄存器专门寄存从输入存储器采集来的信号状态；输出镜像寄存器专门寄存从输出存储器采集来的信号状态及经逻辑运算后需要送给输出存储器的运算结果；辅助镜像寄存器专门寄存从辅助存储器采集来的信号状态及经逻辑运算后需要送给辅助存储器的运算结果）和把它们的信号状态作为运算数据供 CPU 调用和运算。

CPU 的主要功能为执行系统程序（管理和控制 PLC 的运行、解释二进制代码所表示的操作功能、检查和显示 PLC 的运行状态）和执行用户程序（读取各个镜像寄存器的信号状态、对信号状态进行运算处理、输出数据的运算结果）。

2. 存储器

PLC 中的存储器包括输入存储器、输出存储器、辅助存储器、系统程序存储器和用户程序存储器。

输入存储器、输出存储器和辅助存储器在 PLC 中具有双重作用，它们既是一种"执行元件"（输入存储器存储主令电器的信号状态，输出存储器存储被控电器的信号状态，辅助存储器存储运算结果的信号状态），又是一种"编程元件"（即用存储器的信号状态 1 表示被控电器线圈的得电，同时表示主令电器及被控电器的常闭触头断开和常开触头闭合，用存储器的信号状态 0 表示被控电器线圈的失电，同时表示主令电器及被控电器的常开触头断开和常闭触头闭合，并用某种程序语言描述出由常开触头、常闭触头和线圈串并联而成的主令电器与被控电器之间的逻辑控制关系，就编制成了用户程序）。

系统程序存储器专门用来存放厂家写进去的系统程序。

用户程序存储器专门用来存放用户写进去的用户程序。

3. 输入/输出接口

输入/输出接口简称为 I/O 接口。

输入接口是主令电器与 PLC 之间联系的桥梁。输入接口的主要作用是把主令电器的接通或断开状态转换成高电平信号或低电平信号；把高电平信号或低电平信号存储在输入存储器中，达到用输入存储器的信号状态 1 表示主令电器的接通，用输入存储器的信号状态 0 表示主令电器断开的目的。

输出接口是 PLC 与被控电器之间联系的桥梁。输出接口的主要作用是把输出存储器的信号状态 1 转换成被控电器回路的接通信号，把输出存储器的信号状态 0 转换成被控电器回路的断开信号，达到用输出存储器的信号状态控制被控电器运行状态的目的。

4. 电源

电源是 PLC 的能源供给中心，它采用性能优良的开关稳压电源，将 220 V 交流市电整流滤波稳压成各种直流电压，除为 PLC 内部各部分电路提供电源外，还可为 PLC 外部的电器提供 24 V 的直流电源。

2.2.4 任务实施

1. 器材准备

（1）PLC 应用项目实验箱 1 个。

（2）电工常用工具 1 套。

2. 训练步骤

1）拆卸 PLC

（1）旋下 PLC 输入端子板两端的装卸螺钉，移走输入端子板。

（2）旋下 PLC 输出端子板两端的装卸螺钉，移走输出端子板。

（3）移走印制板支架，取下 PLC 顶部的面板。

2）查看 PLC 的内部构成

当移走 PLC 输入端子板、输出端子板和顶部的面板后，学生就可以清楚地看到 PLC 的内部构成了，如图 2-3 所示。

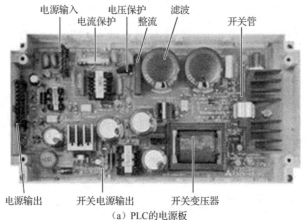

（a）PLC的电源板

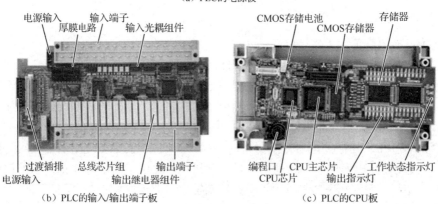

（b）PLC的输入/输出端子板　　　　　（c）PLC的CPU板

图 2-3　PLC 的内部构成

（1）图 2-3（a）所示为 PLC 的电源板，主要由整流电路、滤波电路、开关振荡电路等组成。学生可对照图 2-3（a）从实物 PLC 中找到与其对应的部分。

（2）图 2-3（b）所示为 PLC 的输入/输出端子板，主要由输入端子、输入光耦组件、输

出继电器组件和输出端子等组成。学生可对照图 2-3（b）从实物 PLC 中找到与其对应的部分。

（3）图 2-3（c）所示为 PLC 的 CPU 板，主要由 CPU 主芯片和 CMOS 存储器等组成。学生可对照图 2-3（c）从实物 PLC 中找到与其对应的部分。

需要特别注意的是，在图 2-3（c）中的 CPU 板上，还安装有 2 块存储器组件，这就是 PLC 的存储器部分。学生可对照图 2-3（c）从实物 PLC 中找到与其对应的部分。

3）复原 PLC

（1）盖上 PLC 顶部的面板。

（2）复原输出端子板，旋紧 PLC 输出端子板两端的装卸螺钉。

（3）复原输入端子板，旋紧 PLC 输入端子板两端的装卸螺钉。

3. 训练总结

通过本次训练，学生可了解 PLC 内部的电源板、输入/输出端子板和 CPU 板，以对 PLC 的内部构成有一个直观的认识。

自测习题 2.2

（1）PLC 主要由_____、_____、_____和_____构成。

（2）PLC 中的存储器包括_____存储器、_____存储器、_____存储器、_____存储器和_____存储器。

（3）PLC 中的单片机包括_____和存储器，其中的存储器被表示为_____、_____和_____。

（4）PLC 中存储器的作用是什么？

（5）单片机中的存储器和 CPU 的作用是什么？

（6）输入接口和输出接口的作用是什么？

任务 2.3　搞懂 PLC 的工作原理

2.3.1　任务内容

（1）在 PLC 应用项目实验箱上分别运行用传统继电接触器构成的电动机正反转点动控制系统、用 PLC 构成的电动机正反转点动控制系统及用 PLC 构成的电动机顺序启动控制系统。

（2）了解 PLC 系统程序的运行过程、PLC 实现"万能虚拟接线网络"功能的原理和 PLC 用户程序的执行过程，真正理解 PLC 的工作原理。

2.3.2　任务分析

理解 PLC 的工作原理不仅关系到学生能否正确定位 PLC 的等效功能，还关系到其能否编制出正确合理的 PLC 用户程序。因此，设置本任务的目的是，使学生通过在 PLC 应用项目实验箱上分别运行用传统继电接触器构成的电动机正反转点动控制系统、用 PLC 构成的电动机正反转点动控制系统及用 PLC 构成的电动机顺序启动控制系统，对 PLC 的等效功能有正确的认识，同时真正理解 PLC 的工作原理，从而为其编制正确合理的 PLC 用户程序打下基础。

2.3.3 相关知识

PLC 到底是一个什么样的设备？PLC 在自动控制系统中到底担任着一个什么样的角色？PLC 的工作原理到底是怎样的？关于 PLC 的这些问题，人们总存在以下的错误认知。

（1）PLC 是采用循环扫描方式进行工作的，一个循环要经过内部处理、通信处理、输入采样、程序执行和输出刷新阶段。

（2）PLC 是在内部设置了若干的"软继电器"，并用这种"软继电器"替代实际的硬件继电器来构成 PLC 控制系统的。

（3）PLC 完全取代了传统继电接触器控制系统。

人们会出现上述错误认知的主要原因是最初撰写 PLC 说明书的人并不是 PLC 的发明者，他对 PLC 的认知也是浅层次的，从而导致这些错误认知出现在许多与 PLC 相关的书籍中。为了使学生能准确地理解 PLC 的工作原理，本书将从 PLC 系统程序的运行过程、PLC 实现"万能虚拟接线网络"功能的原理和 PLC 用户程序的执行过程 3 个视角对 PLC 进行全方位的介绍。

1. PLC 系统程序的运行过程

PLC 系统程序是采用"顺序进行、不断循环"的扫描方式进行工作的，每个循环都要经过内部处理、通信处理、信号处理、程序处理、输出处理阶段，即这 5 个阶段按顺序周而复始地循环工作，如图 2-4 所示。

PLC 的工作模式有 RUN（运行）模式和 STOP（编程）模式（注：STOP 原意是停止运行程序，但易被领会为停止工作，故本书将其改称为编程）。当 PLC 处于 STOP 模式时，PLC 只进行内部处理和通信处理；当 PLC 处于 RUN 模式时，PLC 不仅要进行内部处理和通信处理，还要进行信号处理、程序处理和输出处理。

当 PLC 进行内部处理时，CPU 将对 PLC 内部的所有硬件进行检查，若发现严重性故障，则强行停机并切断所有的输出；若发现一般性故障，则进行报警但不停机；若没有发现故障，则 PLC 自动转入通信处理阶段。

当 PLC 进行通信处理时，CPU 将检测各通信接口的状态，若有通信请求，则与编程器交换信息、与微机通信或与网络交换数据；若没有通信请求，则 PLC 自动转入信号处理阶段。

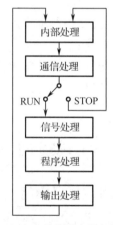

图 2-4 PLC 系统程序的扫描方式

当 PLC 进行信号处理时，CPU 并不是单纯地只对输入信号进行采样，而是先通过输入接口把各个主令电器的通断状态存储进对应的输入存储器，然后将同时进行 3 方面的信号处理，即将输入存储器当前的信号状态寄存到对应的输入镜像寄存器中，将辅助存储器当前的信号状态寄存到对应的辅助镜像寄存器中，将输出存储器当前的信号状态寄存到对应的输出镜像寄存器中。信号处理完成后，PLC 自动转入程序处理阶段。

当 PLC 进行程序处理时，CPU 从第 1 条程序开始，先对用户程序指定的输入镜像寄存器、辅助镜像寄存器或者输出镜像寄存器的信号状态进行相应的逻辑运算，然后用所得的运算结果去改写相应的辅助镜像寄存器或者输出镜像寄存器的信号状态；接着进行第 2 条程序的逻辑运算，并用所得的运算结果去改写相应的辅助镜像寄存器或者输出镜像寄存器的信号

状态，其他程序的逻辑运算以此类推，当其对最后一条程序"END"进行逻辑运算时，程序处理结束。PLC 自动转入输出处理阶段。

当 PLC 进行输出处理时，CPU 并不是单纯地只进行输出驱动处理，而是首先对辅助存储器和输出存储器的信号状态进行刷新，即把辅助镜像寄存器中的信号状态写到对应的辅助存储器中，把输出镜像寄存器中的信号状态写到对应的输出存储器中，以便于下一循环进行信号采样，然后才允许输出存储器把刷新后的信号状态通过输出接口控制被控电器的运行。

2. PLC 实现"万能虚拟接线网络"功能的原理

本节将从对传统继电接触器控制系统和 PLC 控制系统进行分析比较入手介绍 PLC 实现"万能虚拟接线网络"功能的原理。

传统继电接触器控制系统的构成方框图和 PLC 控制系统的构成方框图，分别如图 2-5 和图 2-6 所示。

图 2-5　传统继电接触器控制系统的构成方框图

图 2-6　PLC 控制系统的构成方框图

分析比较图 2-5 和图 2-6 后可以得出以下结论。

（1）由于 PLC 控制系统是由工业计算机控制系统与传统继电接触器控制系统结合起来的，因此 PLC 控制系统还保留着传统继电接触器控制系统中的许多部分，即 PLC 控制系统的主令电器部分与传统继电接触器控制系统的主令电器部分是完全一样的；PLC 控制系统的被控电器部分与传统继电接触器控制系统的被控电器部分也是完全一样的。这就说明，PLC 控制系统并没有完全取代传统继电接触器控制系统，只是用 PLC 代替了控制系统中的硬接线罢了。

（2）由于研发 PLC 控制系统的初衷是用 PLC 替代难以更改的硬接线，因此 PLC 控制系统也有与传统继电接触器控制系统完全不同的地方，即传统继电接触器控制系统是借助"实际接线网络"把主令电器和被控电器直接连接成控制系统来实现用户规定的控制功能的，而 PLC 控制系统则是借助"虚拟接线网络"把主令电器和被控电器间接连接成控制系统来实现用户规定的控制功能的。这就说明，PLC 并不是用所谓的"软继电器"替代实际硬件继电器构成控制系统的，而是用"虚拟接线网络"构成控制系统的。

分析比较的结果表明，PLC 在控制系统中仅等效于或者相当于一个"万能虚拟接线网络"。

PLC 实现"万能虚拟接线网络"功能的过程如下。

（1）把主令电器的接通或断开状态通过输入接口传送给 PLC 中的输入存储器，并用输入存储器的信号状态表示主令电器的接通与断开，即若主令电器处于接通状态，则输入存储器的信号状态为高电平"1"；若主令电器处于断开状态，则输入存储器的信号状态为低电平"0"，如图 2-7 所示。

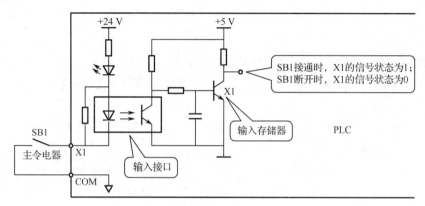

图 2-7   用输入存储器的信号状态表示主令电器的接通或断开

（2）先用某种程序描述主令电器与被控电器之间的逻辑控制关系，再用 PLC 内部的单片机按照程序描述的逻辑控制关系对相关存储器的信号状态进行逻辑运算，即用与运算表示 2 个触点的串联，用或运算表示 2 个触点的并联，用复杂的与、或运算表示触点复杂的串并联（因为单片机中的"与"和"或"实际上与触点的"串联"和"并联"是完全等效的），如图 2-8 所示。

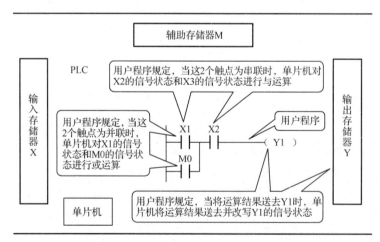

图 2-8   用单片机按照程序描述的逻辑控制关系对相关存储器的信号状态进行逻辑运算

（3）用逻辑运算的结果去改写输出存储器的信号状态，并通过输出接口去控制被控电器的运行或停止，即输出存储器信号状态为 1 时，被控电器线圈得电，被控电器运行，输出存储器信号状态为 0 时，被控电器线圈失电，被控电器停止，如图 2-9 所示。

由于主令电器与被控电器之间的逻辑控制关系是由程序来描述的，即主令电器与被控电器之间的"接线网络"是由程序来"虚拟"的，而程序又是可编可改的，因此不同的程序就能描述出不同的"接线网络"，这样 PLC 就等效地实现了"万能虚拟接线网络"的功能。

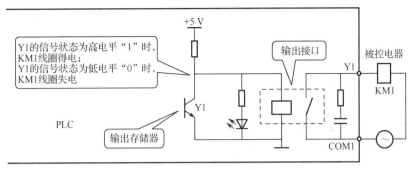

图 2-9　用输出存储器的信号状态去控制被控电器的运行或停止

当把 PLC 这个"万能虚拟接线网络"连接在主令电器和被控电器之间时，该网络就间接地把主令电器和被控电器连接成一个完整的控制系统了。

3. PLC 用户程序的执行过程

上面已抽象地介绍了 PLC 系统程序的运行过程和 PLC 实现"万能虚拟接线网络"功能的原理，为了使大家对 PLC 的工作原理能了解得更直观、更清晰，下面将专门介绍图 2-10 所示的机床电动机连续正转与点动正转控制系统梯形图程序的执行过程。

电器名称及代号	存储器编码
连续正转开关SB1	X001
点动正转开关SB2	X002
停止运转开关SB3	X003
热保护开关FR	X004
接触器KM线圈	Y000

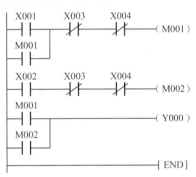

图 2-10　机床电动机连续正转与点动正转控制系统梯形图程序

机床电动机连续正转控制系统梯形图程序的执行过程如下。

1）第 1 循环

（1）内部处理：无故障。

（2）通信处理：无请求。

（3）信号处理：假设此时连续正转开关 SB1 和点动正转开关 SB2 均未闭合，则此时存储到输入镜像寄存器中的信号电平状态——X001 为低电平 0，X002 为低电平 0，X003 为低电平 0，X004 为低电平 0；存储到辅助镜像寄存器中的信号电平状态——M001 为低电平 0，M002 为低电平 0；存储到输出镜像寄存器中的信号电平状态——Y000 为低电平 0。

（4）程序处理。

图 2-10 中第 1 条程序的运算步骤——第 1 步取 X001 的信号电平和 M001 的信号电平进行或运算，第 2 步取第 1 步运算结果的信号电平和经非运算后的 X003 的信号电平进行与运算，第 3 步取第 2 步运算结果的信号电平和经非运算后的 X004 的信号电平进行与运算，第 4 步把第 3 步运算结果的信号电平存储到辅助镜像寄存器 M001 中，即 X001+M001=K1→K1×$\overline{X003}$=K2→K2×$\overline{X004}$=K3→M001（K 表示中间运算的临时结果）。

第 2 条程序的运算步骤——第 1 步取 X002 的信号电平和经非运算后的 X003 的信号电平进行与运算，第 2 步取第 1 步运算结果的信号电平和经非运算后的 X004 的信号电平进行与运算，第 3 步把第 2 步运算结果的信号电平存储到辅助镜像寄存器 M002 中，即 X002×$\overline{\text{X003}}$=K4→K4×$\overline{\text{X004}}$=K5→M002。

第 3 条程序的运算步骤——第 1 步取 M001 的信号电平和 M002 的信号电平进行或运算，第 2 步把第 1 步运算结果的信号电平存储到输出镜像寄存器 Y000 中，即 M001+M002=K6→Y000。

第 4 条程序结束运算。

由于或运算的逻辑运算公式为 1+1=1、1+0=1、0+1=1、0+0=0，即有 1 出 1、全 0 出 0，与运算的逻辑运算公式为 0×0=0、0×1=0、1×0=0、1×1=1，即有 0 出 0、全 1 出 1，非运算的逻辑运算公式为 $\overline{0}$=1、$\overline{1}$=0，即 0 出 1、1 出 0，所以第 1 条程序的运算为 0+0=0→0×$\overline{0}$=0→0×$\overline{0}$=0，把低电平 0 存储到辅助镜像寄存器 M001 中；第 2 条程序的运算为 0×$\overline{0}$=0→0×$\overline{0}$=0，把低电平 0 存储到辅助镜像寄存器 M002 中；第 3 条程序的运算为 0+0=0，把低电平 0 存储到输出镜像寄存器 Y000 中；第 4 条程序为结束运算。

（5）输出处理：辅助镜像寄存器 M001 的信号电平仍写为低电平 0，辅助镜像寄存器 M002 的信号电平仍写为低电平 0，输出镜像寄存器 Y000 的信号电平仍写为低电平 0，此时因输出镜像寄存器 Y000 的信号电平为低电平 0，故被控电器接触器 KM 线圈并未得电，电动机不运转。

图 2-10 所示的梯形图程序在第 1 循环的执行过程如图 2-11 所示。

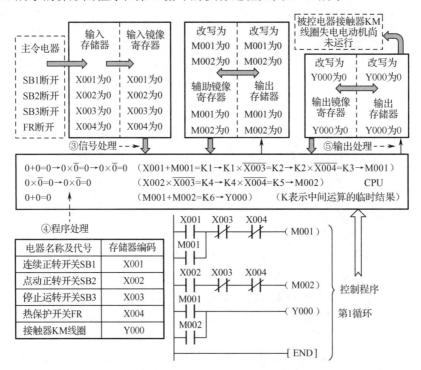

图 2-11　梯形图程序在第 1 循环的执行过程

2）第 2 循环

（1）内部处理：无故障。

（2）通信处理：无请求。

（3）信号处理：假设此时连续正转开关 SB1 已闭合，则此时存储到输入镜像寄存器中的信号电平状态——X001 为高电平 1，X002 为低电平 0，X003 为低电平 0，X004 为低电平 0；存储到辅助镜像寄存器中的信号电平状态——M001 为低电平 0，M002 为低电平 0；存储到输出镜像寄存器中的信号电平状态——Y000 为低电平 0。

（4）程序处理。

第 1 条程序的运算为 $1+0=1 \rightarrow 1 \times \overline{0}=1 \rightarrow 1 \times \overline{0}=1$，把高电平 1 存储到辅助镜像寄存器 M001 中；

第 2 条程序的运算为 $0 \times \overline{0}=0 \rightarrow 0 \times \overline{0}=0$，把低电平 0 存储到辅助镜像寄存器 M002 中；

第 3 条程序的运算为 $1+0=1$，把高电平 1 存储到输出镜像寄存器 Y000 中；

第 4 条程序为结束运算。

（5）输出处理：辅助镜像寄存器 M001 的信号电平改写为高电平 1，辅助镜像寄存器 M002 的信号电平仍写为低电平 0，输出镜像寄存器 Y000 的信号电平改写为高电平 1，此时因输出镜像寄存器 Y000 的信号电平为高电平 1，故被控电器接触器 KM 线圈得电，电动机开始正转。

图 2-10 所示的梯形图程序在第 2 循环的执行过程如图 2-12 所示。

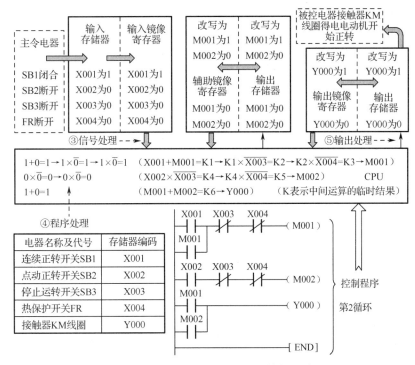

图 2-12　梯形图程序在第 2 循环的执行过程

3）第 3 循环

（1）内部处理：无故障。

（2）通信处理：无请求。

（3）信号处理：假设此时连续正转开关 SB1 已松开，则此时存储到输入镜像寄存器中的信号电平状态——X001 为低电平 0，X002 为低电平 0，X003 为低电平 0，X004 为低电平 0；存储到辅助镜像寄存器中的信号电平状态——M001 为高电平 1，M002 为低电平 0；存储到输出镜像寄存器中的信号电平状态——Y000 为高电平 1。

（4）程序处理。

第 1 条程序的运算为 $0+1=1 \rightarrow 1 \times \overline{0} =1 \rightarrow 1 \times \overline{0} =1$，把高电平 1 存储到辅助镜像寄存器 M001 中；

第 2 条程序的运算为 $0 \times \overline{0} =0 \rightarrow 0 \times \overline{0} =0$，把低电平 0 存储到辅助镜像寄存器 M002 中；

第 3 条程序的运算为 $1+0=1$，把高电平 1 存储到输出镜像寄存器 Y000 中；

第 4 条程序为结束运算。

（5）输出处理：辅助镜像寄存器 M001 的信号电平仍写为高电平 1，辅助镜像寄存器 M002 的信号电平仍写为低电平 0，输出镜像寄存器 Y000 的信号电平仍写为高电平 1，此时因输出镜像寄存器 Y000 的信号电平仍为高电平 1，故被控电器接触器 KM 线圈仍得电，电动机继续正转。

图 2-10 所示的梯形图程序在第 3 循环的执行过程如图 2-13 所示。

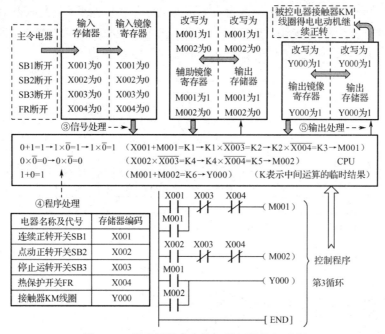

图 2-13　梯形图程序在第 3 循环的执行过程

4）第 4～8 循环

（1）内部处理：无故障。

（2）通信处理：无请求。

（3）信号处理：在第 4～8 循环的这 5 个循环中，假设主令电器没有任何通断变化，所以信号状态处理结果与第 3 循环中的信号状态处理结果完全相同，即此时存储到输入镜像寄存器中的信号电平状态——X001 为低电平 0，X002 为低电平 0，X003 为低电平 0，X004 为低电平 0；存储到辅助镜像寄存器中的信号电平状态——M001 为高电平 1，M002 为低电平 0；存储到输出镜像寄存器中的信号电平状态——Y000 为高电平 1。

（4）程序处理：在第 4～8 循环的这 5 个循环中，程序处理结果与第 3 循环中的程序处理结果也完全相同，即

第 1 条程序的运算为 $0+1=1 \rightarrow 1 \times \overline{0} =1 \rightarrow 1 \times \overline{0} =1$，把高电平 1 存储到辅助镜像寄存器 M001 中；

第2条程序的运算为 $0 \times \overline{0} = 0 \rightarrow 0 \times \overline{0} = 0$，把低电平0存储到辅助镜像寄存器M002中；

第3条程序的运算为 $1+0=1$，把高电平1存储到输出镜像寄存器Y000中；

第4条程序为结束运算。

（5）输出处理：在第4~8循环的这5个循环中，输出处理结果与第3循环中的输出处理结果也完全相同，即辅助镜像寄存器M001的信号电平仍写为高电平1，辅助镜像寄存器M002的信号电平仍写为低电平0，输出镜像寄存器Y000的信号电平仍写为高电平1，此时因输出镜像寄存器Y000的信号电平仍为高电平1，故被控电器接触器KM线圈仍得电，电动机一直保持连续正转。

图2-10所示的梯形图程序在第4~8循环的执行过程如图2-14所示。

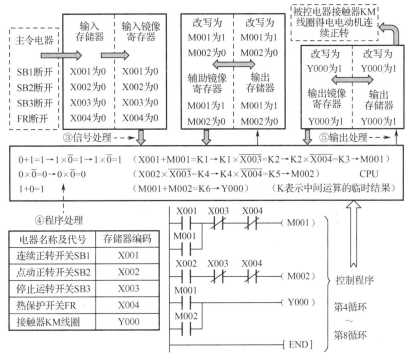

图2-14 梯形图程序在第4~8循环的执行过程

5）第9循环

（1）内部处理：无故障。

（2）通信处理：无请求。

（3）信号处理：假设此时停止运转开关SB3已闭合，则此时存储到输入镜像寄存器中的信号电平状态——X001为低电平0，X002为低电平0，X003为高电平1，X004为低电平0；存储到辅助镜像寄存器中的信号电平状态——M001为高电平1，M002为低电平0；存储到输出镜像寄存器中的信号电平状态——Y000为高电平1。

（4）程序处理。

第1条程序的运算为 $0+1=1 \rightarrow 1 \times \overline{1} = 0 \rightarrow 0 \times \overline{0} = 0$，把低电平0存储到辅助镜像寄存器M001中；

第2条程序的运算为 $0 \times \overline{1} = 0 \rightarrow 0 \times \overline{0} = 0$，把低电平0存储到辅助镜像寄存器M002中；

第3条程序的运算为 $0+0=0$，把低电平0存储到输出镜像寄存器Y000中；

第 4 条程序为结束运算。

（5）输出处理：辅助镜像寄存器 M001 的信号电平改写为低电平 0，辅助镜像寄存器 M002 的信号电平仍写为低电平 0，输出镜像寄存器 Y000 的信号电平改写为低电平 0，此时因输出镜像寄存器 Y000 的信号电平为低电平 0，故被控电器接触器 KM 线圈失电，电动机停止运转。

图 2-10 所示的梯形图程序在第 9 循环的执行过程如图 2-15 所示。

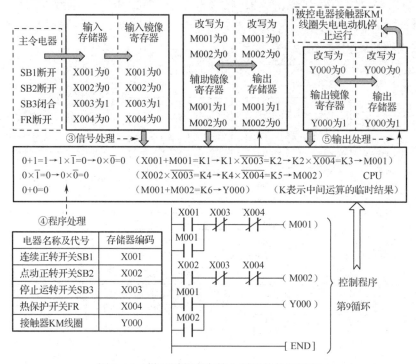

图 2-15 梯形图程序在第 9 循环的执行过程

机床电动机点动正转控制系统梯形图程序的执行过程同理可得，这里不再赘述。

2.3.4 任务实施

1. 器材准备

（1）计算机 1 台（安装有 GX Developer 或 FXGPWIN 编译软件）。

（2）PLC 应用项目实验箱 1 个。

（3）电工常用工具 1 套。

2. 训练步骤

1）运行用传统继电接触器构成的电动机正反转点动控制系统

（1）在 PLC 应用项目实验箱上，把输入接线座的第 1 位与输出接线座的第 1 位、输入接线座的第 5 位与输出接线座的第 5 位、输入接线座的第 11 位与输出接线座的第 11 位分别用金属导线连接起来，搭接成图 2-16 所示的用传统继电接触器构成的电动机正反转点动控制系统。

（2）检查线路连接并确认无误后，接通 PLC 应用项目实验箱的 220 V 交流电源。

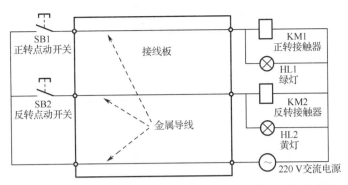

图 2-16　用传统继电接触器构成的电动机正反转点动控制系统

注意：凡是使用到 220 V 或 380 V 交流电源的训练项目，训练时请注意用电安全。

（3）按下正转点动开关 SB1（绿色），可听到"嗒"的一声，HL1（绿灯）点亮，表明正转接触器 KM1 主触头已闭合，电动机开始正转；松开正转点动开关 SB1，同样可听到"嗒"的一声，HL1 熄灭，表明正转接触器 KM1 主触头已断开，电动机停止正转。

（4）按下反转点动开关 SB2（黑色），可听到"嗒"的一声，HL2（黄灯）点亮，表明反转接触器 KM2 主触头已闭合，电动机开始反转；松开反转点动开关 SB2，同样可听到"嗒"的一声，HL2 熄灭，表明反转接触器 KM2 主触头已断开，电动机停止反转。

（5）断开 220 V 交流电源，拆掉本次实验在实验箱上新连接的 3 根金属导线，其余部分保持不动。

2）运行用 PLC 构成的电动机正反转点动控制系统

（1）请实训人员把图 2-17 所示的用户程序下载到 PLC 中，并把 PLC 的 RUN/STOP 工作模式开关拨到 RUN 位置。

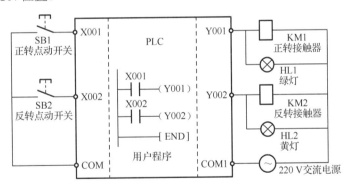

图 2-17　用 PLC 构成的电动机正反转点动控制系统

（2）拆掉 PLC 应用项目实验箱上 PLC 输入/输出接口的接线（注意：220 V 交流电源线不要拆掉），先把输入接线座的第 1 位与 PLC 输入接口 X001、输入接线座的第 5 位与 PLC 输入接口 X002、输入接线座的第 11 位与 PLC 输入接口 COM 分别用金属导线连接起来，再把 PLC 输出接口 Y001 与输出接线座的第 1 位、PLC 输出接口 Y002 与输出接线座的第 5 位、PLC 输出接口 COM1 与输出接线座的第 11 位分别用金属导线连接起来，搭接成图 2-17 所示的用 PLC 构成的电动机正反转点动控制系统。

（3）检查线路连接并确认无误后，接通 PLC 应用项目实验箱的 220 V 交流电源。

（4）按下正转点动开关 SB1（绿色），可听到"嗒"的一声，HL1（绿灯）点亮，表明正转接触器 KM1 主触头已闭合，电动机开始正转；松开正转点动开关 SB1，同样可听到"嗒"的一声，HL1 熄灭，表明正转接触器 KM1 主触头已断开，电动机停止正转。

（5）按下反转点动开关 SB2（黑色），可听到"嗒"的一声，HL2（黄灯）点亮，表明反转接触器 KM2 主触头已闭合，电动机开始反转；松开反转点动开关 SB2，同样可听到"嗒"的一声，HL2 熄灭，表明反转接触器 KM2 主触头已断开，电动机停止反转。

3）运行用 PLC 构成的电动机顺序启动控制系统

（1）保持用 PLC 构成的电动机正反转点动控制系统接线不变，请实训人员把用户程序修改为图 2-18 所示的用户程序，这时用 PLC 构成的电动机正反转点动控制系统就变成了用 PLC 构成的电动机顺序启动控制系统（注意：正转点动开关变成了电动机甲启动开关，反转点动开关变成了电动机乙启动开关，正转接触器变成了电动机甲接触器，反转接触器变成了电动机乙接触器）。

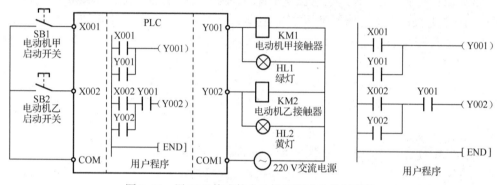

图 2-18　用 PLC 构成的电动机顺序启动控制系统

（2）把 PLC 的 RUN/STOP 工作模式开关拨到 RUN 位置，接通 PLC 应用项目实验箱 220 V 交流电源。

（3）按下电动机乙启动开关 SB2（黑色），听不到"嗒"的一声，HL2 不亮，表明电动机乙接触器 KM2 主触头并未闭合，电动机乙无法先启动运转。

（4）按下电动机甲启动开关 SB1（绿色），可听到"嗒"的一声，HL1 点亮，表明电动机甲接触器 KM1 主触头已闭合，电动机甲开始运转。

（5）再按一下电动机乙启动开关 SB2，可听到"嗒"的一声，HL2 也点亮，表明电动机乙接触器 KM2 主触头已闭合，电动机乙也开始运转。这表明该系统实现的是在启动电动机甲后才能启动电动机乙的顺序启动控制功能。

4）复原 PLC 应用项目实验箱

断开 220 V 交流电源，拆掉本次实验在实验箱上新连接的 6 根金属导线，恢复 PLC 输入/输出端的接线（注意：导线不要接错）。

3. 训练总结

通过本次训练，学生可以了解传统继电接触器控制系统是借助金属导线把主令电器和被控电器直接连接成控制系统的，而 PLC 控制系统则是借助用户程序把主令电器和被控电器间接连接成控制系统的，并能得出一个结论：PLC 在控制系统中仅等效于或者只相当于一个"虚拟接线网络"，同时由于用户程序的改变，该"虚拟接线网络"也会随着改变，控制系统的功能也跟着改变。因此，PLC 在控制系统中可等效于或者相当于一个"万能虚拟接线网络"。

自测习题 2.3

（1）PLC 控制系统与传统继电接触器控制系统相比，＿＿＿＿＿＿＿部分和＿＿＿＿＿＿＿部分是完全相同的。

（2）PLC 在控制系统中实际上仅等效于或者只相当于一个"＿＿＿＿＿＿＿"。实际是用来替代传统继电接触器控制系统中的＿＿＿＿＿＿＿的。

（3）PLC 系统程序是采用＿＿＿＿＿＿＿的扫描方式进行工作的，每个循环都要经过＿＿＿＿＿＿＿、＿＿＿＿＿＿＿、＿＿＿＿＿＿＿、＿＿＿＿＿＿＿和＿＿＿＿＿＿＿阶段。

（4）在 PLC 系统程序工作的各个阶段，CPU 分别做哪些工作？

（5）PLC 是如何实现"万能虚拟接线网络"功能的？

任务 2.4　了解 PLC 应用设计的设计内容与设计步骤

2.4.1　任务内容

（1）了解 PLC 应用设计的设计内容。

（2）了解 PLC 应用设计的设计步骤。

2.4.2　任务分析

学生只有熟练掌握了 PLC 控制系统的三大核心应用技术——硬件设计技术、软件设计技术和控制系统的构建技术，才能构建出一个实用的、完全符合设计要求的 PLC 控制系统。构建 PLC 控制系统的过程就称为 PLC 的应用设计。那么，PLC 应用设计具体的设计内容到底有哪些？其设计步骤又是怎样的呢？因此，设置本任务的目的是，使学生了解 PLC 应用设计的设计内容与设计步骤。

2.4.3　相关知识

1. PLC 应用设计的设计内容

PLC 的应用设计，就其实质来说，就是借助某种程序语言把 PLC 内部存储器所代表的线圈、动合触点和动断触点按用户规定的要求串并联起来，用以表达控制过程中主令电器与被控电器之间的逻辑控制关系，并通过 PLC 的自动运行来实现自动控制的目的。因此，无论是用 PLC 改造传统继电接触器控制系统，还是用 PLC 设计新的控制系统，PLC 的应用技术应该包括硬件设计技术、软件设计技术和控制系统的构建技术。各技术包含的具体设计内容如下。

1）硬件设计技术

（1）明确控制要求。

（2）确定主令电器和被控电器。

（3）根据主要应用参数要求选择 PLC 型号。

（4）分配 PLC 内部存储器。

（5）绘制硬件接线图。

2）软件设计技术

（1）设计用户程序。

（2）优化用户程序。

3）控制系统的构建技术

（1）用户程序的下载。

（2）实验室模拟调试。

（3）硬件安装。

（4）现场调试。

（5）整理技术文件。

2. PLC 应用设计的设计步骤

PLC 应用设计的设计步骤如图 2-19 所示。

自测习题 2.4

（1）PLC 应用技术包括_____、_____
和_____。

（2）PLC 应用设计的设计步骤是什么？

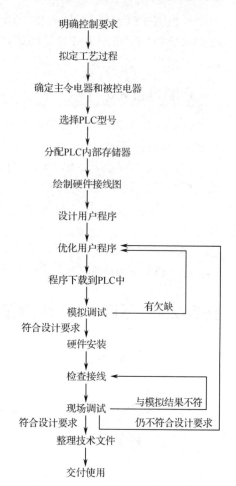

图 2-19　PLC 应用设计的设计步骤

项目 3

学习 PLC 的硬件设计技术

项目内容

（1）PLC 内部常用存储器的编号方法。
（2）PLC 内部常用存储器的使用规则。
（3）PLC 内部常用存储器的分配方法。
（4）PLC 的硬件设计方法。

知识目标

（1）了解 PLC 内部存储器的编号方法。
（2）了解 PLC 内部存储器的使用规则。
（3）了解输入接口的连接方式。
（4）了解输出接口的连接方式。

技能目标

（1）能够分配 PLC 内部存储器。
（2）能够绘制 PLC 硬件接线图。
（3）全面掌握 PLC 的硬件设计技术。

　　PLC 的控制系统设计包括硬件设计、软件设计等方面，其中的硬件设计和软件设计是 PLC 应用设计的主要部分，学好这两个部分的设计工作，是 PLC 应用快速入门的关键。

　　PLC 硬件是 PLC 应用的基础，没有 PLC 硬件，PLC 应用也就无从谈起，没有 PLC 硬件，PLC 应用设计就更无从谈起。

　　PLC 的硬件设计工作包括明确控制要求、拟定工艺过程、确定主令电器和被控电器、选择 PLC 型号、分配 PLC 内部存储器和绘制硬件接线图。要想做好选择 PLC 型号、分配 PLC

内部存储器和绘制硬件接线图的工作，学生必须对 PLC 的性能和参数有所了解，必须对 PLC 内部存储器的编号方法和使用规则有所了解，必须对 PLC 的选型原则有所了解。

任务 3.1 学习分配 PLC 内部存储器

3.1.1 任务内容

（1）观察 PLC 面板上的 I/O 端子标记，比较 I/O 端子的相同点和不同点。

（2）探寻 PLC 内部常用存储器的编号方法、使用规则及分配方法。

3.1.2 任务分析

由 PLC 的工作原理可知，主令电器的通断状态是由输入存储器的信号状态表征的，被控电器是否运行是由输出存储器的信号状态决定的，而 PLC 能实现的控制功能则是由用户程序控制单片机对各种内部存储器的信号状态进行运算和处理实现的。显而易见，掌握 PLC 内部常用存储器的编号方法和使用规则是正确分配 PLC 内部存储器的前提，同时还决定着编制的用户程序是否能不出现运行错误、是否能正常运行下去。因此，设置本任务的目的是，使学生通过对 PLC 面板上 I/O 端子标记的识别，了解选用不同点数的 PLC 所能使用的 I/O 端子各不相同，同时通过相关知识的学习，对 PLC 内部常用存储器的编号方法、使用规则及分配方法有全面了解，并能在分配 PLC 内部存储器时做到分配正确。

3.1.3 相关知识

了解 PLC 内部常用存储器的编号方法、使用规则及分配方法，是做好硬件设计工作的前提。

1. PLC 内部常用存储器的编号方法

PLC 的不同系列，甚至同一系列内的不同型号，其内部存储器的编号方法是互不相同的，使用时最好通过 PLC 的产品手册进行了解。

1）输入存储器和输出存储器的编号方法

三菱 FX2N 系列 PLC 内部输入存储器和输出存储器的编号方法如表 3-1 所示。

表 3-1　三菱 FX2N 系列 PLC 内部输入存储器和输出存储器的编号方法

类　　型	通道编号	存储器编号	点　　数
输入存储器	FX2N-16M　X00	X000～X007	8
	FX2N-32M　X00～X01	X000～X017	16
	FX2N-48M　X00～X02	X000～X027	24
	FX2N-64M　X00～X03	X000～X037	32
	FX2N-80M　X00～X04	X000～X047	40
	FX2N-128M　X00～X07	X000～X077	64

续表

项 目		通 道 编 号	存储器编号	点 数
输出存储器	FX2N-16M	Y00	Y000～Y007	8
	FX2N-32M	Y00～Y01	Y000～Y017	16
	FX2N-48M	Y00～Y02	Y000～Y027	24
	FX2N-64M	Y00～Y03	Y000～Y037	32
	FX2N-80M	Y00～Y04	Y000～Y047	40
	FX2N-128M	Y00～Y07	Y000～Y077	64

提示：表 3-1 中输入存储器的通道编号、存储器编号、点数可扩展为 X00～X17、X000～X177、128；输出存储器的通道编号、存储器编号、点数可扩展为 Y00～Y17、Y000～Y177、128。

当 PLC 的型号或者插配的扩展单元不同时，输入存储器和输出存储器的数量也不同。因此，输入存储器和输出存储器的编号范围也将随着 PLC 型号或者插配扩展单元的不同而不同。

在 FX2N 系列中，虽然输入存储器编号有 X000～X177 共 128 点，输出存储器编号也有 Y000～Y177 共 128 点，但请注意：128 点输入存储器是被分成 00～17 这 16 个输入通道的（八进制），128 点输出存储器也是被分成 00～17 这 16 个输出通道的（八进制）。在这些通道中，分配在本机 I/O 单元上的是：FX2N-16M 为 00 通道、FX2N-32M 为 00～01 通道、FX2N-48M 为 00～02 通道、FX2N-64M 为 00～03 通道、FX2N-80M 为 00～04 通道、FX2N-128M 为 00～07 通道，其余的通道（也就是本机 I/O 单元上没有的通道）是依次被分配在插配的 I/O 扩展单元上的——每个 FX2N-32E 上分配 2 个通道、每个 FX2N-48E 上分配 3 个通道、每个 FX2N-16EX 上分配 2 个输入通道、每个 FX2N-16EY 上分配 2 个输出通道。

在 FX2N 系列的 PLC 中，每个通道上都分配有 8 位输入存储器和 8 位输出存储器，编号都为 0～7（八进制）。

2）常用辅助存储器的编号方法

三菱 FX2N 系列 PLC 内部常用辅助存储器的编号方法如表 3-2 所示。

表 3-2 三菱 FX2N 系列 PLC 内部常用辅助存储器的编号方法

名 称	存储器编号	点 数
中间存储器	M000～M499	500
	M500～M1023	524
	M1024～M3071	2048
定时存储器	T000～T199	200
	T200～T245	46
	T246～T249	4
	T250～T255	6

续表

名　　称	存储器编号	点　　数
计数存储器	C000～C099	100
	C100～C199	100
	C200～C219	20
	C220～C234	15
	C235～C245	11
	C246～C250	5
	C251～C255	5
特殊存储器	M8000～M8255	256

2. PLC 内部常用存储器的使用规则

1）输入存储器和输出存储器的使用规则

（1）由于输入存储器的信号状态只能由主令电器通过输入接口来"写入"，CPU 只能"读取"输入存储器的信号状态而无法将其"写入"输入存储器，因此输入存储器只能分配给主令电器使用，而不能作为辅助存储器使用，更不能作为输出存储器使用。

（2）由于输出存储器的信号状态是由 CPU "写入"、输出接口"读取"的，并且这个"读取"还是有条件的，即只有在输出处理阶段，输出存储器的信号状态才通过输出接口传送给被控电器，因此输出存储器只能分配给被控电器使用，而不能作为辅助存储器使用，更不能作为输入存储器使用。

（3）在同一个程序中，不允许把同一个编号的输入存储器分配给 2 个或 2 个以上的主令电器使用（如不允许把 X000 分配给启动开关使用后又分配给位置开关使用），也不允许把同一个编号的输出存储器分配给 2 个或 2 个以上的被控电器使用（如不允许把 Y001 分配给接触器 1 使用后又分配给接触器 2 使用）。

（4）当分配输入存储器时，首先要使用本机 I/O 单元上实际存在的输入存储器，只有在已经插配输入扩展单元后，才可以使用扩展单元上的输入存储器，绝不允许在没有插配输入扩展单元的情况下使用扩展单元上的输入存储器。

例如，当选用 FX2N-32M 上的输入存储器时，只能使用实际存在的 X000～X017，而不能使用 X020～X177（因为此时的 X020～X177 并不存在）；如果在 FX2N-32M 上插配 FX2N-16EX 输入扩展单元，那么输入存储器就可以使用 X000～X037，但仍不可以使用 X040～X177（因为此时的 X040～X177 并不存在）。

（5）同样道理，当分配输出存储器时，首先要使用本机 I/O 单元上实际存在的输出存储器，只有在插配输出扩展单元后，才可以使用扩展单元上的输出存储器，绝不允许在没有插配输出扩展单元的情况下使用扩展单元上的输出存储器。

例如，当使用 FX2N-16M 上的输出存储器时，只能使用实际存在的 Y000～Y007，而不能使用 Y010～Y177（因为此时的 Y010～Y177 并不存在）；如果在 FX2N-16M 上插配 FX2N-16EY 输出扩展单元，那么输出存储器就可以使用 Y000～Y027，但仍不可以使用 Y030～Y177（因为此时的 Y030～Y177 并不存在）。

2）辅助存储器的使用规则

（1）由于辅助存储器都安装在本机 CPU 单元中，并且所有的辅助存储器在每一个 PLC 中都是同时存在的，因此只要是 FX2N 系列的 PLC，不管其型号是什么，也不管其是否插配扩展单元，表 3-2 中所有编号辅助存储器都可以任意使用。

（2）由于辅助存储器既不能读取 PLC 外部的输入，也不能直接驱动 PLC 外部的负载，因此其信号状态只能由 CPU 来写入和读取；辅助存储器既与输入接口没有对应的连接关系，也与输出接口没有对应的连接关系。因此，所有的辅助存储器不能作为输入存储器使用，也能作为输出存储器使用。

（3）除输入存储器和输出存储器以外，使用频率最高的就是中间存储器了。中间存储器特别适于临时存放已经经过初步运算但还需要进行最后运算的中间数据，它在程序中起中间过渡的作用。合理地使用中间存储器，可以实现输入与输出之间的复杂变换。一般情况下使用 M000～M499，在断电情况下需要保持信号状态的使用 M500～M1023、M1024～M3071。

在同一个程序中，同一个编号的中间存储器不允许既作 A 用又作 B 用。例如，用 M000 表示第 1 工步后，就不允许用 M000 表示第 2 工步；用 M001 表示第 1 个定时器的瞬动触点后，就不允许用 M001 表示第 2 个定时器的瞬动触点。

（4）特殊存储器是一种专门用于监测 PLC 的工作状态、提供时钟脉冲、给出各种标志的存储器。特殊存储器的信号状态是由系统程序写入的，用户只能读取或者使用这些存储器的触点状态。

用户程序中经常使用的特殊存储器如表 3-3 所示。

表 3-3 用户程序中经常使用的特殊存储器

存储器编号	功　能
M8000	在 PLC 工作期间始终保持接通（ON）
M8001	在 PLC 工作期间始终保持断开（OFF）
M8002	在 PLC 开始工作的第 1 个扫描周期接通，此后一直断开
M8003	在 PLC 开始工作的第 1 个扫描周期断开，此后一直接通
M8011	周期为 10 ms 的时钟脉冲（接通时间为 5 ms，断开时间为 5 ms）
M8012	周期为 100 ms 的时钟脉冲（接通时间为 50 ms，断开时间为 50 ms）
M8013	周期为 1 s 的时钟脉冲（接通时间为 0.5 s，断开时间为 0.5 s）
M8014	周期为 1 min 的时钟脉冲（接通时间为 0.5 min，断开时间为 0.5 min）

（5）定时器是专门用于定时控制的存储器。一般情况使用 T000～T199（精度为 0.1 s），定时要求精细时可使用 T200～T245（精度为 0.01 s）。

由于定时器数量较多，足够满足每一个程序的使用需求，因此在同一个程序中，不允许多个定时器公用同一个编号。例如，第 1 个定时器写成 T001 后就不允许把第 2 个定时器也写成 T001，以防止造成错误动作。即使在步进顺控程序中，也不允许重复使用同一个定时器编号。例如，在 M005 步使用了 T000 后就不允许在 M006 步再次使用 T000，以防止 T000 因来不及复位而造成工作不正常。

（6）计数器是专门用于对脉冲个数进行计数控制的存储器。一般情况使用 C000～C099、C100～C199（均为加计数），双向计数使用 C200～C219、C220～C234。

由于计数器数量较多，足够满足每一个程序的使用需求，因此在同一个程序中，不允许多个计数器公用同一个编号。例如，第 1 个计数器写成 C002 后就不允许把第 2 个计数器也写成 C002，以防止造成错误动作。即使在步进顺控程序中，也不允许重复使用同一个计数器编号。例如，在 M008 步使用了 C003 后就不允许在 M009 步再次使用 C003，以防止 C003 因来不及复位而造成工作不正常。

3. PLC 内部常用存储器的分配方法

PLC 内部存储器分配是指用哪些输入存储器的信号状态表示哪些主令电器的接通与断开，用哪些输出存储器的信号状态表示哪些被控电器线圈的得电与失电。例如，指定用 X001 的信号状态表示启动开关的接通与断开；指定用 X000 的信号状态表示停止开关的接通与断开；指定用 Y000 的信号状态表示接触器线圈的得电与失电；指定用 Y001 的信号状态表示蜂鸣器线圈的得电与失电。

PLC 内部存储器经过分配后，用户就能清楚地知道到底是哪些输入存储器和输出存储器被指定为参与控制的元件，这样它们就不会因张冠李戴或无中生有而使用户编制出错误的程序，CPU 也将会十分准确地对指定的存储器信号状态进行正确的相关运算和读写操作，从而保证控制功能的完美实现。因此，PLC 内部存储器的分配工作是非常重要的。

对 PLC 内部存储器进行分配的目的是指定好参与系统控制的存储器，从而为设计用户程序确定好参与编程的元件；为绘制硬件接线图提供依据。

对 PLC 内部存储器进行分配其实很简单，就是对输入存储器与主令电器的对应关系、输出存储器与被控电器的对应关系进行逐一分配，并以列表的形式（PLC 内部存储器分配表）将其列出。

PLC 内部存储器的分配方法如下。

（1）把控制开关、位置开关、光电开关、保护开关等主令电器依次分配给 PLC 中实际存在的输入存储器。

（2）把接触器、变频器、显示器件、伺服系统等被控电器依次分配给 PLC 中实际存在的输出存储器。

分配输出存储器时要特别注意：由于输出端子是被分了组的，Y000～Y003 公用 COM1 端、Y004～Y007 公用 COM2 端、Y010～Y013 公用 COM3 端、Y014～Y017 公用 COM4 端、……，因此，如果被控电器中既有直流被控电器又有交流被控电器，或者既有较低电压等级的被控电器又有较高电压等级的被控电器，那么必须把直流被控电器分配给某一组输出存储器而把交流被控电器分配给另一组输出存储器，或者必须把较低电压等级的被控电器分配给某一组输出存储器而把较高电压等级的被控电器分配给另一组输出存储器。

（3）如果使用到一些辅助存储器，也应同时在 PLC 内部存储器分配表中列出（当然也可在编制用户程序时补充列出）。

表 3-4 给出了一个 3 条传送带运输机顺序启动逆序停止的 PLC 控制系统的 PLC 内部存储器分配表，供参考。

表 3-4　3 条传送带运输机顺序启动逆序停止的 PLC 控制系统的 PLC 内部存储器分配表

项　　目	元件名称及代号	存储器编号
输入存储器分配	过热继电器 FR1 触头	X000
	过热继电器 FR2 触头	X001

续表

项 目	元件名称及代号	存储器编号
输入存储器分配	过热继电器 FR3 触头	X002
	1 号电机启动开关 SB1	X003
	2 号电机启动开关 SB2	X004
	3 号电机启动开关 SB3	X005
	1 号电机停止开关 SB4	X006
	2 号电机停止开关 SB5	X007
	3 号电机停止开关 SB6	X010
输出存储器分配	1 号接触器 KM1 线圈	Y001
	2 号接触器 KM2 线圈	Y002
	3 号接触器 KM3 线圈	Y003
辅助存储器分配	中间继电器 KA	M000

3.1.4 任务实施

1. 器材准备

FX2N-16MR、FX2N-32MR、FX2N-48MR 和 FX2N-64MR 各 1 台。

2. 训练步骤

1）观察 PLC 面板上的 I/O 端子标记

PLC 的端子分布如图 3-1 所示。图 3-1（a）～图 3-1（d）所示为 FX2N-16MR、FX2N-32MR、FX2N-48MR 和 FX2N-64MR。仔细观察各 PLC 面板上的 I/O 端子标记，了解 I/O 端子分别由哪些接线端子组成。

2）比较 I/O 端子的相同点和不同点

（1）FX2N-16MR、FX2N-32MR、FX2N-48MR 和 FX2N-64MR 虽然型号不同，但它们的 I/O 端子板上都有 220 V 交流电源输入端子、24 V 直流电源输出端子、PLC 接地端子、输入端子和输出端子。

（2）输出端子被分了组，其中 FX2N-16MR 的输出端子被分成了 8 组，FX2N-32MR 的输出端子被分成了 4 组，FX2N-48MR 的输出端子被分成了 5 组，FX2N-64MR 的输出端子被分成了 6 组。由图 3-1 还看出：第 1 组输出端子公用 COM1 端，第 2 组输出端子公用 COM2 端，第 3 组输出端子公用 COM3 端，……。

（3）PLC 型号不同，输入端子和输出端子的数量也不同：FX2N-16MR 的 I/O 端子共有 16 个，FX2N-32MR 的 I/O 端子共有 32 个，FX2N-48MR 的 I/O 端子共有 48 个，FX2N-64MR 的 I/O 端子共有 64 个。

3. 训练总结

通过本次训练，学生可了解 PLC 的 I/O 端子是随着点数的不同而不同的，这说明选用不同点数的 PLC，所能使用的 I/O 端子是不相同的，这就要求学生对 PLC 中 I/O 端子的编号方法、使用规则及分配方法有一个全面的了解。

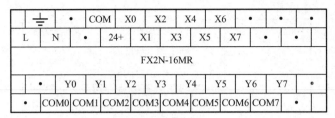

(a) FX2N-16MR

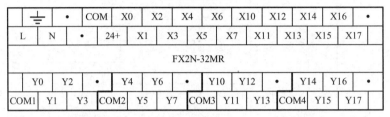

(b) FX2N-32MR

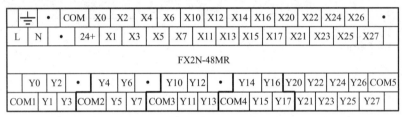

(c) FX2N-48MR

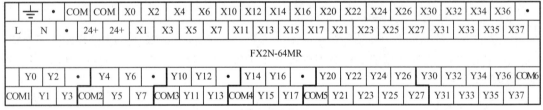

(d) FX2N-48MR

图 3-1 PLC 的端子分布

自测习题 3.1

（1）在 FX2N 系列的 PLC 中，点数为 128 的输入存储器被分配成_____个输入通道，点数为 128 的输出存储器被分配成_____个输出通道，这些通道除分配在_____上的以外，其余通道是依次分配在_____上的。每个通道上都分配有_____位输入存储器和_____位输出存储器，编号都为_____。

（2）在 FX2N 系列的 PLC 中，哪些常用存储器属于辅助存储器？它们都在哪个单元内？它们在每一个 PLC 中都存在吗？它们是否可以任意使用？

（3）输入存储器、输出存储器、辅助存储器是否可以互换使用？

（4）使用输入存储器和输出存储器时，应首先使用哪个单元上的？什么情况下才能使用扩展单元上的？

（5）在同一个程序中，同一个编号的存储器可以同时分配给 2 个或 2 个以上的电器使用吗？

（6）在对 PLC 内部存储器进行分配时，应把哪些电器分配给 PLC 的输入存储器（输入接口），把哪些电器分配给 PLC 的输出存储器（输出接口）？

任务 3.2　学习绘制硬件接线图

3.2.1　任务内容

（1）了解 PLC 输入接口和输出接口的连接方式，探究节省输入点数和输出点数的方法。

（2）绘制与表 3-4 对应的 3 条传送带运输机 PLC 控制系统的硬件接线图。

3.2.2　任务分析

绘制硬件接线图是 PLC 硬件设计技术中最重要的部分，也是 PLC 硬件设计工作的最终目标。因此，设置本任务的目的是，使学生通过绘制与表 3-4 对应的 3 条传送带运输机 PLC 控制系统硬件接线图，了解 PLC 输入接口和输出接口的连接方式，掌握节省输入点数和输出点数的方法，同时使其学会硬件接线图的绘制方法。

3.2.3　相关知识

硬件接线图是各种主令电器、被控电器的安装及 PLC 与它们之间具体接线工作的依据，其线路设计是否合理、简洁，都可能影响整个系统的正常工作。

1. PLC 输入接口和输出接口的连接方式

1）输入接口的连接方式

由于 PLC 的输入接口有内供电源直流输入接口和外供电源交/直流输入接口，因此相应的输入接口连接方式有内供电源汇点式接线法和外供电源汇点式接线法，如图 3-2（a）和图 3-2（b）所示。

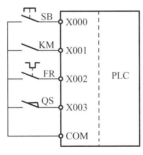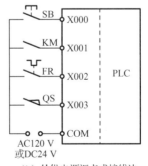

（a）内供电源汇点式接线法　　　　（b）外供电源汇点式接线法

图 3-2　输入接口的连接方式

在设计输入接口连接方式时，必须注意以下事项。

（1）PLC 无法识别主令电器的触头是常开触头还是常闭触头，只能识别主令电器处于接通状态还是断开状态。若主令电器处于接通状态，则 PLC 内部输入存储器的信号状态为 1；若主令电器处于断开状态，则 PLC 内部输入存储器的信号状态为 0。因此，若 PLC 外接主令电器的触头使用常闭触头，则会引起以下问题。

① 由于主令电器触头经常处于闭合状态，PLC 的输入接口将长期通电，这不仅会使能耗增加，还会缩短输入接口的使用寿命。

② 由于使用常开触头的主令电器动作时，PLC 内部输入存储器的信号状态为 1，而使用常闭触头的主令电器动作时，PLC 内部输入存储器的信号状态为 0。同样是主令电器动作，却出现两种截然相反的信号状态，这不仅会扰乱人们对主令电器动作与输入存储器信号状态间对应关系的认知习惯，还将造成人们对梯形图程序中触点类符号闭合与断开概念的混淆，从而导致编制出错误的梯形图程序。

因此，在绘制硬件接线图时，PLC 输入接口处绝不允许出现主令电器的常闭触头，而应统一使用主令电器的常开触头；在选用主令电器时，必须选用触头是常开型的或者是带有常开触头的；即使用 PLC 去改造现有的传统继电接触器控制系统，也必须把原来是常闭触头的主令电器（如停止开关、位置开关等）更换成常开触头的主令电器。只有这样，后续的梯形图程序编制工作才不会出现问题。

对于某些主令电器必须使用常闭触头的，则必须先用该主令电器的常闭触头去控制一个传统的中间继电器线圈，然后用这个中间继电器的常闭触头代替主令电器的常闭触头接到 PLC 的输入接口，这样就可避免常闭触头接入 PLC 输入接口出现的问题了（虽然接到 PLC 输入接口的仍属于常闭触头，但该常闭触头只有在主令电器动作时才闭合，绝大多数时间该常闭触头是处于断开状态的）。主令电器必须使用常闭触头的处理方法如图 3-3 所示。

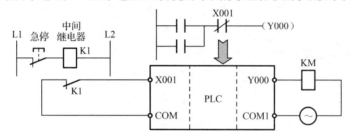

图 3-3 主令电器必须使用常闭触头的处理方法

（2）对于传统继电接触器控制系统中一些具有复合触头（常开触头与常闭触头联动）的主令电器（如复合按钮开关），在硬件接线图中对其进行绘制时，用一个常开触头接到 PLC 的输入接口即可，在实际的接线工作中，也只需使用其中的常开触头。

（3）为了尽量减少外界干扰通过输入接口进入 PLC 内部，输入接口的连接方式应首选内供电源汇点式接线法，必要时还需选用屏蔽线作为主令电器与 PLC 之间的连接导线。

2）输出接口的连接方式

输出接口的连接方式通常有汇点式接线法和分隔式接线法，如图 3-4（a）和图 3-4（b）所示。

采用汇点式接线法时要注意将 COM1、COM2、COM3 等公共端全部连接起来。采用分隔式接线法时要注意：由于 Y000～Y003 的公共端是 COM1、Y004～Y007 的公共端是 COM2、Y010～Y013 的公共端是 COM3、Y014～Y017 的公共端是 COM4，因此，只允许 Y000～Y003 公用一组电源、Y004～Y007 公用一组电源。若 Y000～Y007 公用一组电源，则必须把 COM1 端和 COM2 端连接起来，否则部分被控电器的工作可能不正常。

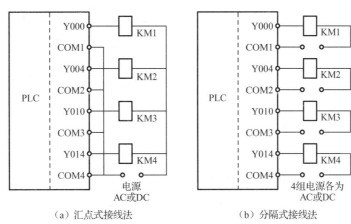

（a）汇点式接线法　　　　　　　　　（b）分隔式接线法

图 3-4　输出接口的连接方式

被控电器电源的选用要根据被控电器的具体情况而定，直流被控电器选用直流电源，交流被控电器选用交流电源。若既有直流被控电器又有交流被控电器，则除优先选用继电器型输出接口外，还可通过插配不同的输出单元来解决；若同时有不同电压等级的被控电器，则可采用分隔式接线法来解决。

3）节省输入点数的方法

PLC I/O 点数的多少及是否插配 I/O 扩展单元是决定 PLC 控制系统价格的关键因素，在某些特殊情况下，甚至会出现是用传统继电接触器控制系统合算还是用 PLC 控制系统合算的问题。例如，输入点数和输出点数总共为 10 的抢答控制器，若使用 16 点的 PLC，则其价格过高，用户可能难以接受，但若使用 8 点的 PLC，则用户可能因其价格低而接受；输入点数和输出点数总共为 18 的简易霓虹灯控制器，若使用 16 点的 PLC 并插配 I/O 扩展单元，用户可能因其价格太高而不选用该 PLC，但若不插配 I/O 扩展单元，则用户有可能因价格稍低而选用该 PLC。因此，节省输入点数或输出点数是降低 PLC 控制系统成本的重要措施。

（1）在程序中设置双稳态程序，使 1 个开关具备启动开关和停止开关的双重功能，这样就可节省出 1 个 PLC 输入点，如图 3-5 所示。

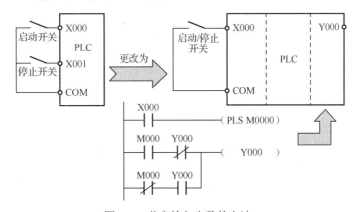

图 3-5　节省输入点数的方法 1

（2）某些功能简单、不经过 PLC 处理也能控制被控电器的主令电器，可以直接设置在 PLC，这样便可少占用 PLC 的输入点。例如，手动复位型过热保护继电器常闭触头可直接与被控电器串联，以节省出 1 个 PLC 输入点，如图 3-6 所示。

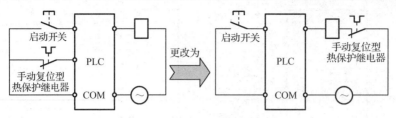

图 3-6 节省输入点数的方法 2

注意： 自动复位型过热保护继电器常闭触头必须接在 PLC 输入接口，通过梯形图程序实现过载保护，否则会因其突然启动而引发安全事故。

（3）某些性能相近、功能相同的主令电器，可先将它们的触头进行合理的串联或并联后再接到 PLC 的输入接口，这样可节省出较多的 PLC 输入点。例如，机床电动机的停止开关触头、过热保护继电器触头、过流保护继电器触头和安全保护接近开关触头可以先并联后再接到 PLC 输入接口，这样可省出 3 个 PLC 输入点，如图 3-7 所示。

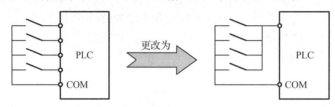

图 3-7 节省输入点数的方法 3

4）节省输出点数的常用方法

（1）在程序中设置闪烁程序，使分别指示不同状态的 2 个灯合并成 1 个灯，就可节省出 1 个 PLC 输出点。例如，水箱中的水位在正常值以上时，绿灯亮，水位在正常值以下时，红灯亮，现在在程序中设置闪烁程序，使水位在正常值以上时，绿灯常亮，水位在正常值以下时，绿灯闪烁，这样就可节省出 1 个 PLC 输出点，如图 3-8 所示。

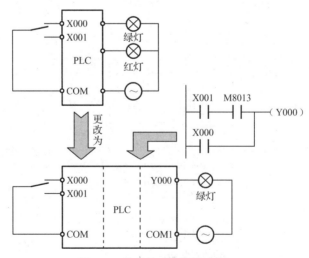

图 3-8 节省输出点数的方法 1

（2）先在程序中设置编码程序，再通过 PLC 外部的译码电路进行译码，这样，原来占用 4 个 PLC 输出点的被控电器现在只需占用 2 个 PLC 输出点，原来占用 8 个 PLC 输出点的被控电器现在只需占用 3 个 PLC 输出点，原来占用 16 个 PLC 输出点的被控电器现在只需占用

4 个 PLC 输出点，如图 3-9 所示。

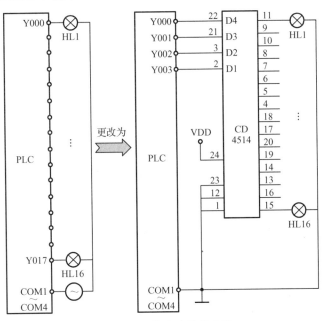

图 3-9　节省输出点数的方法 2

（3）将得失电规律完全一致且完全同步的被控电器先并联起来，再将其接到 PLC 的输出接口上，就可节省 PLC 的输出点。例如，控制某一电动机运转的接触器线圈和指示该电动机运转状态的指示灯可并联后接到 1 个 PLC 输出接口上，这样就可节省出 1 个 PLC 输出点，如图 3-10 所示。

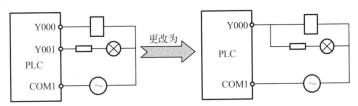

图 3-10　节省输出点数的方法 3

2. 硬件接线图的绘制

硬件接线图的绘制就是根据 PLC 内部存储器分配表，绘制出主令电器与 PLC 输入接口之间具体连接关系及被控电器与 PLC 输出接口之间具体连接关系。

由于输入存储器与输入接口之间、输出存储器与输出接口之间不仅有着严格的对应关系，还使用着相同的编号，因此把输入存储器与主令电器的对应关系、输出存储器与被控电器的对应关系以 PLC 内部存储器分配表的形式列出来后，就可对输入接口与主令电器的对应关系、输出接口与被控电器的对应关系做出相关规定。故在绘制硬件接线图时，只需按照 PLC 内部存储器分配表，把主令电器连接到与输入存储器有相同编号的输入接口上，把被控电器连接到与输出存储器有相同编号的输出接口上即可。

在绘制硬件接线图时，可先在绘图专用纸的正中间绘制一个长方形框，用来表示 PLC，然后在长方形框的左侧绘制主令电器的常开触头，在长方形框的右侧绘制被控电器的线圈和外接电源，并按照 PLC 内部存储器分配表，把主令电器连接到 PLC 的输入接口上，把被控

电器连接到 PLC 的输出接口上，最后做好各种标注，硬件接线图就绘制好了。

3.2.4 任务实施

1. 器材准备

（1）绘图专用纸 1 张。

（2）绘图工具 1 套。

2. 训练步骤

（1）在绘图专用纸的正中间绘制一个长方形框，用来表示 PLC；在长方形框左框线上均匀地绘制 10 个小圆圈，用来表示输入接口；在长方形框右框线上均匀地绘制 4 个小圆圈，用来表示输出接口；根据表 3-4 列出的存储器编号，在左框线小圆圈的右侧（从上到下）分别标上 X000、X001、X002、X003、X004、X005、X006、X007、X010 和 COM，在右框线小圆圈的左侧（从上到下）分别标上 Y001、Y002、Y003 和 COM1。

（2）在长方形框的左侧绘制 9 个常开触头符号，分别用来表示过热继电器 FR1 触头、过热继电器 FR2 触头、过热继电器 FR3 触头、1 号电动机启动开关 SB1、2 号电动机启动开关 SB2、3 号电动机启动开关 SB3、1 号电动机停止开关 SB4、2 号电动机停止开关 SB5 和 3 号电动机停止开关 SB6（注意：这里的过热继电器 FR1 触头、过热继电器 FR2 触头、过热继电器 FR3 触头、1 号电动机停止开关 SB4、2 号电动机停止开关 SB5 和 3 号电动机停止开关 SB6 都不使用常闭触头，而是服从规定统一使用常开触头）；9 个常开触头符号的左端连接在一起后与 COM 端相连，9 个常开触头符号的右端分别与 X000、X001、X002、X003、X004、X005、X006、X007 和 X010 端相连。

（3）在长方形框的右侧绘制 3 个接触器线圈符号及 1 个电源符号，分别用来表示 1 号接触器 KM1 线圈、2 号接触器 KM2 线圈、3 号接触器 KM3 线圈和交流电源；3 个接触器线圈符号及 1 个电源符号的右端连接在一起，3 个接触器线圈符号及 1 个电源符号的左端分别与 Y001、Y002、Y003 和 COM1 端相连。

（4）在长方形框的正中间标上 PLC 的型号（如 FX2N-32MR）。这样，3 条传送带运输机 PLC 控制系统硬件接线图就绘制完成了，如图 3-11 所示。

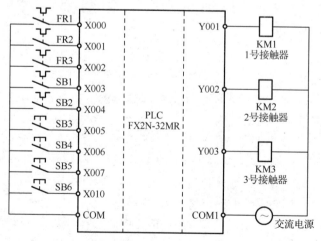

图 3-11　3 条传送带运输机 PLC 控制系统硬件接线图

3．训练总结

通过本次训练，学生不仅了解了绘制硬件接线图必须以 PLC 内部存储器分配表为依据，主令电器必须全部使用常开触头的规定，还掌握了硬件接线图的具体绘制方法。

自测习题 3.2

（1）PLC 输入接口的连接方法有＿＿＿＿＿＿接线法和＿＿＿＿＿＿接线法，输出接口的连接方法有＿＿＿＿＿＿接线法和＿＿＿＿＿＿接线法。

（2）PLC 输入接口处允许接入主令电器的常闭触头吗？如果某主令电器必须采用常闭触头，请问应如何处理？绘制处理方法的接线图。

（3）硬件接线图的具体绘制方法是什么？

任务 3.3　掌握硬件设计技术

3.3.1　任务内容

（1）设计 3 条传送带运输机 PLC 控制系统的硬件电路。

（2）了解 PLC 的性能参数，掌握 PLC 的选型原则。

3.3.2　任务分析

PLC 控制系统硬件电路的设计工作到底如何进行？只有实践才能得出答案。因此，设置本任务的目的是，通过介绍 3 条传送带运输机 PLC 控制系统硬件电路的设计，使学生学会 PLC 控制系统硬件电路的设计方法和步骤，了解 PLC 的性能参数，掌握 PLC 的选型原则，从而使其全面掌握 PLC 控制系统硬件电路的设计技能。

3.3.3　相关知识

要想正确地选择 PLC 型号，学生必须对常见 PLC 的性能参数及其选型原则有所了解。

1．PLC 的性能参数

PLC 的性能参数众多，选择时没有必要一一考虑，只需重点考虑其中的存储容量、I/O 点数、扫描速度、内部存储器的种类和数量、特殊功能单元及可扩展能力。

1）存储容量

存储容量是指用户程序存储器容量。用户程序存储器容量大，不仅可以存储长而复杂的程序，还利于实现复杂的控制功能。

FX2N 系列 PLC 的用户程序存储器容量为 8 K 步，可扩展至 16 K 步。

2）I/O 点数

I/O 点数是指 PLC 输入接口和输出接口的数量，一般以输入接口与输出接口的总和来表示。I/O 点数多，外部可接的主令电器和被控电器就比较多，控制的规模也就比较大。

在 FX2N 系列的 PLC 中，FX2N-16M/32M/48M/64M/80M/128M 的 I/O 点数分别为 8/8、16/16、24/24、32/32、40/40、64/64，且均可扩展到 128/128。

3）扫描速度

扫描速度是指 PLC 执行用户程序的速度，一般以扫描 1 K 步用户程序所需的时间来衡量，也可以执行一条基本/特殊指令所需的时间来衡量。扫描速度快，PLC 的输出响应输入的速度就快，这对于一些有响应速度要求的高速系统是很重要的。

在 FX2N 系列 PLC 中，基本指令的扫描速度为 0.08 μs/条，应用指令的扫描速度为 1.52 μs/条至数百微秒每条。

4）内部存储器的种类和数量

内部存储器是参与编制程序的主要元素，同时是用来存放变量、中间结果、保持数据、定时、计数、模块设置和各种标志位等信息的。内部存储器的种类、数量越多，处理各种信息的能力就越强，编程也就越容易和方便。

FX2N 系列 PLC 的内部存储器种类有 10 种，总的数量达到 13304 位及 96 个通道。

5）特殊功能单元

特殊功能单元的有无是 PLC 功能强弱的一个重要指标。FX2N 系列 PLC 不仅配备了特殊功能单元的扩展接口，还配备了通信单元、模拟量转换单元等特殊功能单元备用配件。

6）可扩展能力

PLC 的 I/O 点数、存储容量、联网功能和各种功能单元能否扩展，也是选择 PLC 时经常要考虑的。FX2N 系列 PLC 的可扩展能力很好。

2. PLC 的选型原则

（1）根据主令电器和被控电器数量的多少，来决定选用微型、小型、中型还是大型 PLC。I/O 点数的统计方法是：(实际主令电器数量+实际被控电器数量)×(1.2～1.3)（目的是预留一些备用量，以便随时增加控制功能）。PLC 选型原则是：能用微型 PLC 就不用小型 PLC，能用小型 PLC 就不用中型 PLC，能用中型 PLC 就不用大型 PLC，尽可能地降低 PLC 的成本及减小其体积。

（2）根据主令电器和被控电器的性质，来决定选用相应输入接口和输出接口形式的 PLC。

输入接口的选择原则是：主令电器带有交/直流电源的，选用外供电源交/直流输入接口；主令电器不带电源的，选用内供电源直流输入接口。

输出接口的选择原则是：对于一些使用电压范围大、导通压降小、能承受瞬时过电压或过电流，但响应速度无要求、动作不频繁且工作电流在 2 A 以下的交/直流被控电器，可选用继电器型输出接口；对于一些通断频繁、工作电流在 0.5 A 以下的直流被控电器，可选用晶体管型输出接口；对于一些通断频繁、工作电流在 1 A 以下的交流被控电器，可选用晶闸管型输出接口。

（3）根据用户程序的长短，来选择 PLC 的存储容量。

事实上，在 PLC 选型时，用户程序其实还没有编制，所以，通常根据 I/O 点数选择 PLC 的存储容量，一般是把(开关量输入点数×10+开关量输出点数×5+模拟量通道数×100)×(1.25～1.35)作为存储容量的下限值。

（4）根据输入/输出信号的性质，来选择 PLC 的扫描速度。

PLC 扫描速度的选择原则是：对于开关量控制的系统，由于 PLC 的扫描速度一般都可满足要求，故可不考虑扫描速度；对于模拟量控制的系统，特别是具有闭环控制的系统，则应

选择扫描速度较快的 PLC。

选择 PLC 型号时，上述 4 点必须统筹兼顾，全盘考虑，既不能顾此失彼，也不可死板教条而盲目追求高指标。

3.3.4 任务实施

1. 器材准备

（1）绘图专用纸 1 张。

（2）绘图工具 1 套。

2. 训练步骤

1）明确控制要求

3 条传送带运输机的工作示意图如图 3-12 所示。

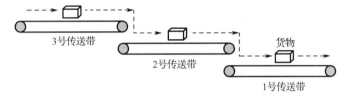

图 3-12 3 条传送带运输机的工作示意图

3 条传送带运输机的控制要求如下。

（1）为防止货物在传送带上堆积，3 条传送带必须按顺序启动，启动顺序为 1 号传送带→2 号传送带→3 号传送带。

（2）为保证停机后传送带上不残留货物，3 条传送带必须按顺序停车，停车顺序为 3 号传送带→2 号传送带→1 号传送带。

（3）如果 1 号传送带或 2 号传送带因出现故障而停车，3 号传送带应能立即停车，避免仍有货物进入传送带。

2）拟定工艺过程

3 条传送带运输机的工艺过程为：启动时，按下 1 号电动机启动开关，1 号传送带运转→按下 2 号电动机启动开关，2 号传送带运转→按下 3 号电动机启动开关，3 号传送带运转；停止时，按下 3 号电动机停止开关，3 号传送带停转→按下 2 号电动机停止开关，2 号传送带停转→按下 1 号电动机停止开关，1 号传送带停转。

3）确定主令电器和被控电器

从上述控制要求和工艺过程可以看出，3 条传送带运输机 PLC 控制系统中主令电器应有 1 号、2 号、3 号电动机的启动开关 SB1、SB2、SB3，1 号、2 号、3 号电动机的停止开关 SB4、SB5、SB6，另外，为对电动机进行热保护，应有过热保护继电器 FR1、FR2、FR3 触头；3 条传送带运输机 PLC 控制系统中被控电器应有 1 号、2 号、3 号电动机的接触器 KM1、KM2、KM3 线圈。

4）选择 PLC 型号

3 条传送带运输机 PLC 控制系统是一个小型控制系统，根据 PLC 选型原则，选用三菱

FX2N-32MR 的 PLC 就可满足要求，无须插配 I/O 扩展单元。

5）分配 PLC 内部存储器

因为该 PLC 没有插配 I/O 扩展单元，可供使用的输入存储器编号仅有 X000～X017，可供使用的输出存储器编号仅有 Y000～Y017，所以 PLC 内部存储器的分配情况如表 3-5 所示。

表 3-5　PLC 内部存储器的分配情况

项　　目	元件名称及代号	存储器编号
输入存储器分配	过热继电器 FR1 触头	X000
	过热继电器 FR2 触头	X001
	过热继电器 FR3 触头	X002
	1 号电动机启动开关 SB1	X003
	2 号电动机启动开关 SB2	X004
	3 号电动机启动开关 SB3	X005
	1 号电动机停止开关 SB4	X006
	2 号电动机停止开关 SB5	X007
	3 号电动机停止开关 SB6	X010
输出存储器分配	1 号接触器 KM1 线圈	Y001
	2 号接触器 KM2 线圈	Y002
	3 号接触器 KM3 线圈	Y003
辅助存储器分配	中间继电器 KA	M000

6）绘制硬件接线图

根据 PLC 内部存储器分配表，把主令电器连接到与输入存储器相同编号的输入接口上，把被控电器连接到与输出存储器相同编号的输出接口上，就可以绘制出硬件接线图了。绘制的 3 条传送带运输机 PLC 控制系统的硬件接线图如图 3-13 所示。

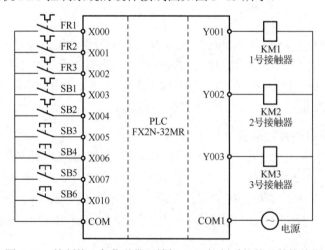

图 3-13　绘制的 3 条传送带运输机 PLC 控制系统的硬件接线图

到此，3 条传送带运输机 PLC 控制系统的硬件设计工作全部完成。

3. 训练总结

通过本次训练，学生不仅了解了 PLC 控制系统的硬件设计工作主要包括明确控制要求、拟定工艺过程、确定主令电器和被控电器、选择 PLC 型号、分配 PLC 内部存储器和绘制硬件接线图，还掌握了 PLC 控制系统的硬件设计方法，为接下来的软件设计工作打下了基础。

自测习题 3.3

（1）在选择 PLC 型号时，一般只重点考虑性能参数中的＿＿＿＿＿＿、＿＿＿＿＿＿、＿＿＿＿＿＿、＿＿＿＿＿＿、＿＿＿＿＿＿及＿＿＿＿＿＿。

（2）PLC 选型原则的要点是：能用＿＿＿＿＿的就不用＿＿＿＿＿的，能用＿＿＿＿＿的就不用＿＿＿＿＿的，能用＿＿＿＿＿的就不用＿＿＿＿＿的；主令电器不带电源的选用＿＿＿＿＿输入接口，交/直流负载可选用＿＿＿＿＿输出接口，直流负载选用＿＿＿＿＿输出接口，交流负载选用＿＿＿＿＿输出接口。

（3）硬件设计工作的基本步骤是什么？

（4）某汽车清洗机控制系统的控制过程如下：按下启动开关后，清洗机电动机正转带动清洗机前进，当车辆检测器检测到有汽车时，检测器开关闭合，此时喷淋器电磁阀得电，打开阀门淋水，同时刷子电动机运转进行清洗；当清洗机前进到终点使终点限位开关闭合时，喷淋器电磁阀和刷子电动机均断电，清洗机电动机则反转带动清洗机后退；当清洗机后退到原点使原点限位开关闭合时，清洗机电动机停转，等待下一次启动。试对该汽车清洗机控制系统进行硬件设计工作。

项目 4

学习 PLC 的软件设计技术

项目内容

（1）常用的梯形图语言。
（2）设计梯形图程序的定义。
（3）替换设计法。
（4）真值表设计法。
（5）波形图设计法。
（6）步进图设计法。
（7）经验设计法。

知识目标

（1）了解梯形图程序与继电接触器控制电路图之间的对应关系。
（2）理解存储器信号状态与梯形图符号的关系。

技能目标

掌握梯形图程序的设计方法。

对于一台 PLC 来说，硬件是"躯体"，软件是"灵魂"。也就是说，在 PLC 的应用中，光有硬件（PLC）是不能实现任何控制功能的，还必须有软件（用户程序）与之配合，才能实现用户所要求的控制功能。因此，软件的设计工作是必不可少的。

PLC 的软件包括系统程序和用户程序。系统程序是由 PLC 生产厂家提供的，它用来管理和控制 PLC 的运行、解释二进制代码所表示的操作功能、检查和显示 PLC 的运行状态，并不能直接实现用户所需要的控制功能。但用户程序就不同了，一个 PLC 控制系统能够实现什么样的控制功能，能够完成什么样的控制任务，是由用户程序决定的。用户程序需要用户自

己编写。很显然，PLC 的软件设计工作，具体来说就是用户程序的设计工作。

用户程序的设计工作是整个 PLC 应用技术的核心工作，是 PLC 控制系统设计中最重要的部分，也是初学者感到最困难的地方。可以这样说，若学会了用户程序的设计，就等于跨进了 PLC 控制系统设计的大门。

任务 4.1　了解梯形图语言

4.1.1　任务内容

（1）在实训人员指导下，学生分别用替换设计法、转换法和直编法绘制电动机正反转点动控制系统中控制电路的梯形图程序和指令表程序。

（2）分析比较梯形图程序和指令表程序的优缺点。

4.1.2　任务分析

PLC 软件设计工作的实质就是用户程序的编写工作。PLC 编程语言有步进图、梯形图语言、功能块图、指令表语言和结构文本，目前应用最为普遍的是梯形图语言，其主要原因是用梯形图语言编程有许多优点。因此，设置本任务的目的是，通过介绍使用替换设计法、转换法和直编法，绘制电动机正反转点动控制系统中控制电路的梯形图程序和指令表程序的训练，使学生不仅对用梯形图语言编程和指令表语言编程的难易有个直观的比较，还能认识到用梯形图语言编程的优点，且对梯形图程序的结构及梯形图符号与存储器信号状态之间的关系有个全面的认识。

4.1.3　相关知识

1.　首选梯形图语言的原因

能用逻辑运算形式来描述输入存储器、输出存储器和辅助存储器所代表的主令电器与被控电器之间逻辑控制关系的程序设计语言组合，称为用户程序；设计用户程序的整个过程，称为编写用户程序，简称为编程。

PLC 控制系统梯形图程序设计语言有许多种，国际电工委员会（IEC）在 PLC 编程语言标准 IEC61131-3 中推荐了步进图、梯形图语言、功能块图、指令表语言和结构文本 5 种程序设计语言，其中常用的是梯形图语言和指令表语言，但目前应用最为普遍的、最受 PLC 用户欢迎的是梯形图语言，其主要原因如下。

传统继电接触器控制系统的电气原理图是用常开触头符号、常闭触头符号、线圈符号、接线符号等电路符号的串并联表达控制过程中主令电器与被控电器之间逻辑控制关系的，而梯形图程序则是用相应梯形图符号来表达控制过程中主令电器与被控电器之间逻辑控制关系的。由于梯形图程序与传统继电接触器控制系统的电气原理图之间有着严格的对应关系：梯形图程序的框架结构模仿了传统继电接触器控制系统电气原理图的框架结构；梯形图程序的控制关系表达方式沿袭了传统继电接触器控制系统电气原理图的控制关系表达方式；梯形图使用的梯形图符号也是在传统继电接触器控制系统使用的图形符号的基础上经简化演变而成的，因此对于熟悉传统继电接触器控制系统电气原理图的工厂和企业中的广大电气工程技术人员来说，只要模仿传统继电接触器控制系统电气原理图中控制关系的表达方式，用梯形图

语言中的接线符号把动合触点符号、动断触点符号和线圈符号按控制要求串并联成一行行逻辑行，并把这些逻辑行一层一层地连接在左右母线之间，就可以设计出梯形图程序了。可以这样说，凡是熟悉传统继电接触器控制系统电气原理图的电气工程技术人员，或者是稍有一些电气控制基础知识的人员，只需学习 1～2 天，就能将传统继电接触器系统电路的电气原理图转换成梯形图程序，完成对传统继电接触器控制系统的升级改造工作；若他们进行一个短期培训，学习本书推出的模板化梯形图程序设计方法，则他们能轻松设计出全新的 PLC 控制系统梯形图程序，完成绝大多数 PLC 控制系统的设计工作。

显而易见，用梯形图语言设计程序，不需要用户具备深奥的计算机知识或难懂的编程语言、学习庞大繁复的程序指令，只需要用户稍有一些电气控制基础知识即可进行设计工作。并且，用梯形图语言设计梯形图程序不仅方法简单、速度快捷、学习容易，还使设计出的梯形图程序简单明了、形象直观、易于分析和理解。因此，梯形图语言自然而然地成为目前应用最为普遍的程序设计语言了。本书只介绍用梯形图语言设计梯形图程序的方法。

梯形图语言是一种图形语言，它的种类很多，不同厂家生产的产品，使用的梯形图语言互不相同，甚至同一厂家生产的不同产品，使用的梯形图语言也不尽相同。但是，不同种类的梯形图语言之间并不是毫无关系的，只不过是大同小异罢了，用户只要掌握其中的一种，也就能掌握其他的梯形图语言了。本书将介绍三菱公司 FX2N 系列 PLC 的梯形图语言。

梯形图语言的内容有很多，但对于绝大多数的梯形图程序来说，其中的一小部分梯形图语言就已经足够使用了（这就是人们常说的"学习 10% 的梯形图语言，编出 90% 的梯形图程序"）。对于初学者来说，快速入门是主要的。因此，本书只介绍一些常用的梯形图语言。

2. 认识梯形图程序

图 4-1 所示为梯形图程序的实例。从这段梯形图程序中可以得出以下结论。

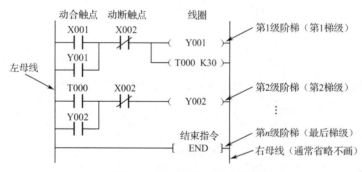

图 4-1　梯形图程序的实例

（1）梯形图程序是用接线符号把触点符号和线圈符号串并联成的逻辑行一层一层地连接在左右母线之间形成的一种简图，由于其结构形状类似于人们日常生活中的阶梯，因此称其为梯形图程序。

（2）在梯形图程序中，由动合触点、动断触点和线圈符号串并联而成的一行逻辑行称为一个梯级或一级阶梯；最左侧的垂直线称为左母线，最右侧的垂直线称为右母线（为了绘图方便，一般情况下会把右母线省略掉，即不绘制右母线）。通常可以认为，左母线相当于电源的正极线，右母线相当于电源的负极线。因此，在一行逻辑行中有一个从左向右流动的电流。据此人们规定：在一行逻辑行中，左母线到线圈之间的由多个触点串并联而成的线路称为线圈的控制条件，控制条件形成电流通路时线圈得电，控制条件未形成电流通路时线圈失电。

当某线圈得电时，与该线圈相同编号的动断触点断开/动合触点闭合（触点动作）；当某线圈失电时，与该线圈相同编号的动合触点断开/动断触点闭合（触点复位）。

3. 梯形图符号与 PLC 中存储器信号状态之间的关系

PLC 中的存储器实际上仅仅是一种电子元件，并不是"软继电器"，所以存储器上根本就不存在所谓的"线圈""动合触点""动断触点"，那么在梯形图程序中为什么会出现"线圈""动合触点""动断触点"这些图形符号呢？

这主要是因为：当前工作在工厂和企业中的电气工程技术人员对传统继电接触器控制系统及传统继电接触器控制系统电气原理图非常熟悉，如果电气工程技术人员在设计梯形图程序时能够模仿传统继电接触器控制系统电气原理图的框架结构、沿用传统继电接触器控制系统电气原理图控制关系的表达方式、使用与传统继电接触器控制系统电气原理图非常接近的图形符号，那么梯形图程序就能够快速被设计出来。为了达到这个目的，人们便有意识地把 PLC 中的存储器虚构成一种具有线圈、动合触点和动断触点的电子元件。于是，业界中便流行起这样一种说法：PLC 中的存储器是一种具有线圈、动合触点和动断触点的编程元件。

有了这样的虚构，人们便可以用存储器的信号状态 1 表示被控电器线圈的得电、主令电器及被控电器的常闭触头断开和常开触头闭合，用存储器的信号状态 0 表示被控电器线圈的失电、主令电器及被控电器的常开触头断开和常闭触头闭合。也正因为有了这样的虚构，电气工程技术人员便可以按照传统继电接触器控制系统电气原理图的绘制方法，把动合触点符号、动断触点符号和线圈符号串并联起来形成梯形图程序，从而十分方便地表达出主令电器与被控电器之间的逻辑控制关系了。

4.1.4 任务实施

1. 器材准备

（1）绘图专用纸 1 张。

（2）绘图工具 1 套。

2. 训练步骤

学生以绘制电动机正反转点动控制系统中控制电路的梯形图程序为例进行训练。

1）用替换设计法绘制梯形图程序

（1）在绘图专用纸上绘制用继电接触器构成的电动机正反转点动控制系统中控制电路的电气原理图，如图 4-2 所示。

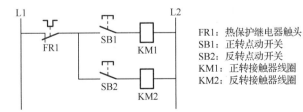

FR1：热保护继电器触头
SB1：正转点动开关
SB2：反转点动开关
KM1：正转接触器线圈
KM2：反转接触器线圈

图 4-2 电动机正反转点动控制系统中控制电路的电气原理图

（2）用梯形图符号替换对应的图形符号，如图 4-3 所示。

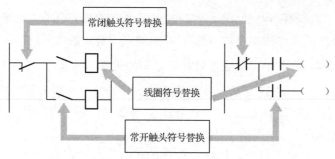

图 4-3　用梯形图符号替换对应的图形符号

（3）绘制完整的电动机正反转点动控制系统中控制电路的梯形图程序，如图 4-4 所示。

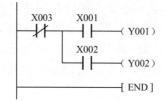

图 4-4　电动机正反转点动控制系统中控制电路的梯形图程序

2）用转换法绘制指令表程序

用转换法绘制指令表程序的前 3 个步骤与用替换设计法绘制梯形图程序的步骤相同，具体步骤如下所示。

（1）在绘图专用纸上绘制用继电接触器构成的电动机正反转点动控制系统中控制电路的电气原理图。

（2）用梯形图符号替换对应的电路符号。

（3）绘制完整的电动机正反转点动控制系统中控制电路的梯形图程序。

（4）把梯形图程序中各个触点和线圈的图形连接方式用指令来描述，如图 4-5 所示。

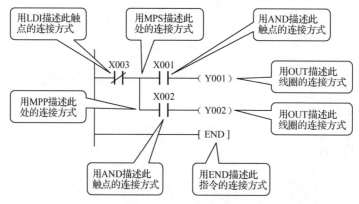

图 4-5　用指令来描述各个触点和线圈的图形连接方式

（5）绘制完整的电动机正反转点动控制系统中控制电路的指令表程序，如图 4-6 所示。

LDI	X003	MPP	
MPS		AND	X002
AND	X001	OUT	Y002
OUT	Y001	END	

图 4-6　电动机正反转点动控制系统中控制电路的指令表程序

3）用直编法绘制指令表程序

（1）学生在脑中设计出图 4-2 所示的用继电接触器构成的电动机正反转点动控制系统中控制电路的电气原理图。

（2）直接用指令来描述图 4-2 所示的各个触头和线圈的图形连接方式，如图 4-7 所示。

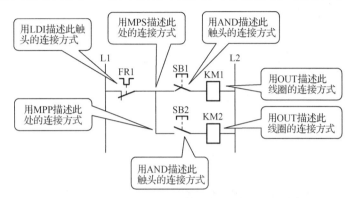

图 4-7　直接用指令来描述各个触头和线圈的图形连接方式

（3）绘制完整的电动机正反转点动控制系统中控制电路的指令表程序，如图 4-6 所示。

3. 训练总结

通过本次绘制梯形图程序的训练，我们可以得出以下结论。

（1）从表面上看，直编法似乎非常简单，学生可以直接绘制出指令表程序。但直编法的两个要点对于学生来说是非常困难的——学生必须在脑中先设计出控制系统中控制电路的电气原理图，对于简单的控制系统学生尚能应付，但若碰到复杂的控制系统，学生在脑中设计其控制电路的电气原理图就比较困难了；学生必须牢记和掌握 PLC 各种指令的意义及使用方法，然而 PLC 指令的种类达数百种，每一种指令的意义及使用方法又是千变万化的，学生要想牢牢记住并熟练掌握 PLC 各种指令的意义及使用方法需要花费大量的时间和精力。

（2）转换法必须要先绘制梯形图程序，然后将其转换成指令表程序，然而学生在安装有编译软件的计算机上不仅可以直接设计出梯形图程序，还可以把梯形图程序直接下载到 PLC 中，根本不需要转换成指令表程序，即使学生有需要，也只需在编译软件中单击"指令表视图"按钮，该软件就把梯形图程序自动转换成指令表程序了。既然如此，学生为何不直接用梯形图来设计用户程序呢？

（3）直接用梯形图语言来绘制梯形图程序，其绘制过程与绘制传统继电接触器控制系统电气原理图的过程非常接近，这对于稍有一些电气控制基础知识的学生来说，学习起来也很容易，不需要花费大量的时间和精力去学习 PLC 各种指令的意义及使用方法，不需要进行任何多余的程序转换工作，并且在计算机上便可直接完成设计工作和下载工作，显而易见，直接用梯形图语言绘制梯形图程序更简单、更快捷。

自测习题 4.1

（1）梯形图程序是用＿＿＿＿＿＿＿＿＿＿、＿＿＿＿＿＿＿＿＿＿、＿＿＿＿＿＿＿、＿＿＿＿＿＿＿＿＿等梯形图符号的＿＿＿＿＿＿＿＿＿连接表达控制过程中主令电器与被控电器之间的逻辑控制关系的。

（2）在梯形图程序中，_____称为一个梯级或称为一级阶梯；_____称为线圈的控制条件；_____时线圈得电，_____时线圈失电；某线圈得电时，与该线圈相同编号的_____，某线圈失电时，与该线圈相同编号的_____。

（3）在 PLC 中，人们用存储器的信号状态 1 表示被控电器线圈的_____、主令电器及被控电器的_____和_____，用存储器的信号状态 0 表示被控电器线圈的_____、主令电器及被控电器的_____和_____。

（4）软件设计工作具体是指什么工作？

（5）什么叫编程？

（6）什么是梯形图程序？

（7）梯形图程序与传统继电接触器控制电路电气原理图之间有着哪些对应关系？

任务 4.2　学习常用的梯形图符号

4.2.1　任务内容

（1）掌握 PLC 常用梯形图符号的含义和使用方法。

（2）绘制一段实际的梯形图程序。

4.2.2　任务分析

不同的梯形图程序实际上就是各类梯形图符号的不同组合，以此来实现不同的控制功能。很显然，学生只有了解各种梯形图符号的含义和使用方法，才能绘制出正确、规范的梯形图程序。因此，设置本任务的目的是，通过介绍一段实际梯形图程序的绘制，使学生了解 PLC 常用梯形图符号的含义，明白 PLC 常用梯形图符号的使用方法，同时通过相应的训练，使学生学会触点类、接线类、线圈类和指令类符号的具体绘制方法，掌握触点类、接线类、线圈类和指令类符号的各种串并联方法，从而为梯形图程序的绘制工作打下基础。

4.2.3　相关知识

由于不同的梯形图程序实际上就是各类梯形图符号的不同组合，因此梯形图符号是设计梯形图程序的基础。

常用的梯形图符号包括触点类符号、接线类符号、线圈类符号和指令类符号。

1. 触点类符号

触点类符号如表 4-1 所示。

1）动合触点

在梯形图程序中使用动合触点时需要在其上方标出该动合触点所属存储器的编号。

动合触点的通断规则是：当该动合触点所属存储器线圈得电时，该动合触点闭合（接通）；当该动合触点所属存储器线圈失电时，该动合触点断开。

表 4-1　触点类符号

序号	名　称	图 形 符 号	所属存储器编号	使用示例
1	动合触点	⊣⊢		X000 ⊣⊢
2	动断触点	⊣╱⊢	X000～X177、Y000～Y177、M000～M499、T000～T199、C000～C099	X000 ⊣╱⊢
3	前沿微分触点	⊣↑⊢		M000 ⊣↑⊢
4	后沿微分触点	⊣↓⊢		M000 ⊣↓⊢

2）动断触点

在梯形图程序中使用动断触点时，需要在其上方标出该动断触点所属存储器的编号。

动断触点的通断规则是：该动断触点所属存储器线圈得电时，该动断触点断开；该动断触点所属存储器线圈失电时，该动断触点闭合（接通）。

3）前沿微分触点

在梯形图程序中使用前沿微分触点时，需要在其上方标出该前沿微分触点所属存储器的编号。

前沿微分触点的通断规则是：当控制条件由 OFF 变为 ON 时，该前沿微分触点所属存储器线圈得电一个扫描周期后失电，该前沿微分触点相应地闭合（接通）一个扫描周期后断开。

4）后沿微分触点

在梯形图程序中使用后沿微分触点时，需要在其上方标出该后沿微分触点所属存储器的编号。

后沿微分触点的通断规则是：当控制条件由 ON 变为 OFF 时，该后沿微分触点所属存储器线圈得电一个扫描周期后失电，该后沿微分触点相应地闭合（接通）一个扫描周期后断开。

2. 接线类符号

接线类符号如表 4-2 所示。

表 4-2　接线类符号

序号	名　称	图 形 符 号	使 用 示 例
1	左母线	│	⊣⊢⊣╱⊢　　　　[END]
2	右母线	│	⊣⊢—(Y001)　　[END]
3	垂直线	│	⊣⊢⊣╱⊢⊣⊢—(T001 K30)　⊣⊢—(Y001)
4	水平线	—	⊣╱⊢⊣⊢—(Y001)

1）左母线

在梯形图程序中使用左母线的图形符号时，需要将其绘制在程序的最左侧。触点类符号和指令类符号需要绘制在左母线的右侧并与左母线垂直连接。

2）右母线

在梯形图程序中使用右母线的图形符号时，需要将其绘制在程序的最右侧。线圈类符号和指令类符号需要绘制在右母线的左侧并与右母线垂直连接。在实际应用中为了绘图方便，一般都把右母线省略掉（不绘制右母线）。

3）垂直线

在梯形图程序中使用垂直线的图形符号时，垂直线左侧可垂直连接触点类符号，垂直线右侧可垂直连接触点类或线圈类符号。

4）水平线

在梯形图程序中使用水平线的图形符号时，水平线的左侧可与左母线垂直连接或与触点类符号连接，水平线的右侧可与除接线类符号外的各种梯形图符号连接。

3. 线圈类符号

线圈类符号如表 4-3 所示。

表 4-3　线圈类符号

序号	名　称	图 形 符 号	所属存储器编号	使 用 示 例
1	通用线圈	—（　　）	Y000～Y177、M000～M499	—┤├—（ Y000 ）
2	前沿微分线圈	—┤ PLS]		—┤├—[PLS M000]
3	后沿微分线圈	—┤ PLF]		—┤├—[PLF M001]
4	置位线圈	—┤ SET]	Y000～Y177、M000～M499、S000～S499	—┤├—[SET M000]
5	复位线圈	—┤ RST]	Y000～Y177、M000～M499、S000～S499、T000～T199、C000～C099	—┤├—[RST M001]
6	普通定时器线圈	—（T K ）	T000～T199	—┤├—（T000 K30）
7	精细定时器线圈	—（T2 K ）	T200～T245	—┤├—（T200 K50）
8	单向计数器线圈	复位脉冲 ——[RST C] 计数脉冲 ——（C K ）	C0000～C099	复位脉冲 —┤├—[RST C000] 计数脉冲 —┤├—（C000 K20）
9	双向计数器线圈	加减控制 ——（ M82 ） 复位脉冲 ——[RST C2] 计数脉冲 ——（C2 K ）	C200～C219	加减控制 —┤├—（ M8219 ） 复位脉冲 —┤├—[RST C219] 计数脉冲 —┤├—（C019 K10）

1）通用线圈

在梯形图程序中使用通用线圈的图形符号时，需在括号内标出该通用线圈所属存储器的编号。

通用线圈的得电、失电规则是：控制条件形成电流通路时，该通用线圈得电，控制条件未形成电流通路时，该通用线圈失电。

2）前沿微分线圈

在梯形图程序中使用前沿微分线圈的图形符号时，需在 PLS 右侧标出该前沿微分线圈所属存储器的编号。

前沿微分线圈的得电、失电规则是：当控制条件由 OFF 变为 ON 时，该前沿微分线圈得电一个扫描周期后失电。

3）后沿微分线圈

在梯形图程序中使用后沿微分线圈的图形符号时，需在 PLF 右侧标出该后沿微分线圈所属存储器的编号。

后沿微分线圈的得电、失电规则是：当控制条件由 ON 变为 OFF 时，该后沿微分线圈得电一个扫描周期后失电。

4）置位线圈和复位线圈

通常情况下，置位线圈和复位线圈都是对同一个存储器进行置位和复位。所以，在梯形图程序中使用置位线圈的图形符号和复位线圈的图形符号时，需在 SET 右侧和 RST 右侧分别标出被置位线圈或被复位线圈所属存储器的编号（通常情况下置位线圈和复位线圈使用同一个编号）。

置位线圈和复位线圈的得电、失电规则是：当置位脉冲前沿出现时，该线圈开始得电；置位脉冲消失后，该线圈仍然得电；当复位脉冲前沿出现时，无论置位脉冲是否存在，该线圈均立即失电；复位脉冲消失后，该线圈仍失电。

在梯形图程序中，允许对同一个存储器进行多次置位和复位，既可以先置位后复位，也可以先复位后置位。另外，还可单独用 RST 对计数器或定时器进行复位。

5）普通定时器线圈和精细定时器线圈

在梯形图程序中使用普通定时器线圈的图形符号或精细定时器线圈的图形符号时，需要在 T 右侧标出该定时器线圈所属定时器的编号，还需要在 K 右侧标出设置的定时值。定时器的定时值是需要计算的，具体的计算方法是：普通定时器的定时值=定时时间（s）÷0.1 s，精细定时器的定时值=定时时间（s）÷0.01 s，但普通定时器定时值的取值范围和精细定时器定时值的取值范围均为 1～32 767。

普通定时器线圈和精细定时器线圈的得电与失电规则是：从控制条件由 OFF 变为 ON 时开始，定时值便从 0 起（普通定时器每过去 0.1 s、精细定时器每过去 0.01 s）依次加 1，当加到设置的定时值时，定时时间到，定时器线圈开始得电，一直到控制条件由 ON 变为 OFF，定时器线圈才失电（此时定时器复位，等待下一次计时）。

无论是普通定时器还是精细定时器，在使用中都要注意以下事项。

（1）精细定时器又称为高速定时器。

（2）只有在达到定时时间时（定时结束时），定时器线圈才开始得电，不要错误地认为

当控制条件由 OFF 变为 ON 时定时器线圈就已经开始得电了。

（3）定时器线圈得电时间的长短，由控制条件形成电流通路的持续时间和设置的定时值共同决定，即得电时间等于控制条件形成电流通路的持续时间减去设置的定时值。因此，控制条件形成电流通路的持续时间必须大于设置的定时值，定时器线圈才会得电一段时间。如果控制条件形成电流通路的持续时间小于设置的定时值（定时时间还未到，控制条件就由 ON 变为 OFF 了），那么定时器线圈就不会得电；如果定时时间到了以后，控制条件一直保持 ON 而不变为 OFF，那么定时器线圈将一直保持得电状态，定时器将失去再次定时的功能。

6）单向计数器线圈和双向计数器线圈

在梯形图程序中使用单向计数器线圈的图形符号时，需在 C 右侧标出该单向计数器线圈所属计数器的编号，还需要在 K 右侧标出设置的计数值。单向计数器的计数值是不需要计算的，需计数多少次，计数值就标为多少，取值范围为 1～32 767。

单向计数器线圈的得电、失电规则是：初值为 0，计数脉冲的前沿每出现一次，计数值便加 1 次，当加到设置的计数值时，单向计数器线圈开始得电，一直到复位脉冲前沿出现时，单向计数器线圈才失电（此时单向计数器复位，等待下一次计数）。

在梯形图程序中使用双向计数器线圈的图形符号时，需在 M82 右侧和 C2 右侧标出该双向计数器线圈所属计数器的编号，还需在 K 右侧标出设置的计数值。双向计数器的计数值也是不需要计算的，需计数多少次，计数值就标为多少，取值范围为 -2 147 483 648～2 147 483 647。

双向计数器线圈的得电、失电规则是：初值为 0，加计数脉冲的前沿每出现一次，计数值便加 1 次，当加到设置的计数值时，双向计数器线圈开始得电，在下一个加计数脉冲前沿出现后，双向计数器线圈失电（此时双向计数器复位，等待下一次计数）；减计数脉冲的前沿每出现一次，计数值便从设置的计数值起依次减 1，当减到 0 时，双向计数器线圈开始得电，在下一个减计数脉冲前沿出现后，双向计数器线圈失电（此时双向计数器复位，等待下一次计数）。无论复位脉冲前沿何时出现，双向计数器均被立即复位。

无论是单向计数器还是双向计数器，在使用中都要注意以下事项。

（1）只有计数值加到设置的计数值或者计数值减到 0 时，计数器线圈才开始得电，不要错误地认为只要计数脉冲出现，计数器线圈就已经开始得电了。

（2）单向计数器线圈得电时间的长短，由计数值加到设置的计数值和复位脉冲前沿出现时这 2 个时刻的间隔时间决定。如果复位脉冲在计数值没有加到设置的计数值时出现，那么单向计数器线圈就不会得电；如果计数值加到了设置的计数值后，复位脉冲却迟迟不出现，那么单向计数器线圈将一直保持得电状态，计数器将失去再次计数的功能。

（3）双向计数器线圈的得电时间非常短暂，仅为计数脉冲频率的倒数（例如，计数脉冲的频率为 50 Hz，双向计数器线圈的得电时间仅为 1/50=0.02 s）。因此，用双向计数器的触点去驱动输出存储器线圈时，应注意使用自锁电路。

（4）计数器线圈得电的时间内、复位脉冲的高电平期间、加计数脉冲和减计数脉冲同时作用期间，计数器是不计数的。

（5）在梯形图程序中，将单向计数器 C 线圈的复位端与计数端分别绘制成上下 2 行逻辑行，将双向计数器 C2 线圈的加减控制端、复位端和计数端分别绘制成上中下 3 行逻辑行。至于双向计数器 C2 到底是进行加计数还是减计数，必须通过加减控制端控制对应的特殊存储器状态来决定。当特殊存储器状态为 OFF 时，对应的计数器进行加计数；当特殊存储器状

态为 ON 时，对应的计数器进行减计数。

注意：特殊存储器后 2 位的编号必须与双向计数器的编号相同，即双向计数器的编号为 C200 时，特殊存储器的编号必须为 M8200；双向计数器的编号为 C219 时，特殊存储器的编号必须为 M8219。

4. 指令类符号

指令类符号如表 4-4 所示。

表 4-4　指令类符号

名　　称	图 形 符 号	使 用 示 例
主程序结束指令	─[END]	┤╱├──┤├──(Y001) ───────────[END]

在梯形图程序中，使用主程序结束指令的图形符号时，必须做到以下 2 点。

（1）在每一个完整的梯形图程序中，都必须有一个主程序结束指令。

（2）主程序结束指令必须放在主程序的最后。

梯形图符号是设计梯形图程序的基础，在了解了梯形图符号后，学生就可以用梯形图符号设计梯形图程序了。

所谓的设计梯形图程序，说得笼统一点，就是使用梯形图语言来绘制用户程序；说得具体一点，就是借助于某种设计方法，用梯形图语言中的接线符号把相关的动合触点符号、动断触点符号和线圈符号按学生的要求串并联成一行一行的逻辑行，并把这些逻辑行一层一层地连接在左右母线之间，从而表达出主令电器与被控电器之间的逻辑控制关系，这个过程就叫作设计梯形图程序。

梯形图程序的设计方法有很多种，常用的是替换设计法、真值表设计法、波形图设计法、步进图设计法和经验设计法。本书将在任务 4.3～任务 4.7 中分别介绍这些设计方法。

4.2.4　任务实施

1. 器材准备

（1）绘图专用纸 1 张。

（2）绘图工具 1 套。

2. 训练步骤

按以下步骤绘制一段梯形图程序。

（1）在绘图专用纸的最左侧绘制左母线。

（2）在左母线上，连接动合触点 X000。

（3）在 X000 右侧，串联置位线圈 SET　Y000。

（4）在左母线上，连接动合触点 X001。

（5）在 X001 右侧，串联动断触点 X002。绘制梯形图程序的（1）～（5）步如图 4-8 所示。

（6）在左母线上，连接动合触点 Y001，并把 Y001 右端与 X002 右端并联起来。

（7）在 X002 右端，串联动合触点 X003。

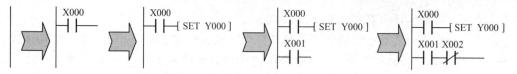

图 4-8　绘制梯形图程序的（1）～（5）步

（8）在左母线上，连接动断触点 X004。

（9）在 X004 右端，串联动合触点 X005。绘制梯形图程序的（6）～（9）步如图 4-9 所示。

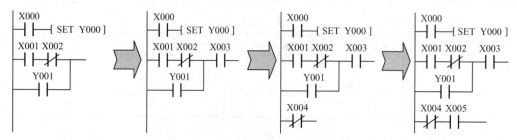

图 4-9　绘制梯形图程序的（6）～（9）步

（10）在左母线上，连接动合触点 X011。

（11）在 X011 右端，串联动合触点 X012，并把 X012 右端与 X005 右端并联起来。

（12）在 X005 右端，串联动断触点 M000，并把 M000 右端与 X003 右端并联起来。

（13）在 X003 右端，串联动断触点 X006。绘制梯形图程序的（10）～（13）步如图 4-10 所示。

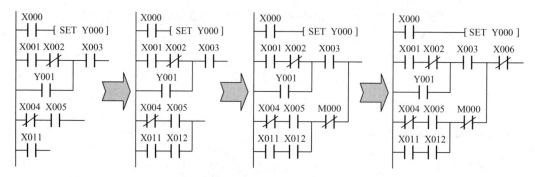

图 4-10　绘制梯形图程序的（10）～（13）步

（14）在 X006 右端，串联动断触点 X007。

（15）在 M000 右端，串联动断触点 X010，并把 X010 右端与 X007 右端并联起来。

（16）在 X007 右端，串联通用线圈 Y001。绘制梯形图程序的（14）～（16）步如图 4-11 所示。

（17）在左母线上，连接动合触点 X013。

（18）在 X013 右端，串联复位线圈 RST　Y000。绘制梯形图程序的（17）和（18）步如图 4-12 所示。

（19）在 RST　Y000 下侧，绘制动合触点 X014，并把 X014 左端与 RST　Y000 左端并联起来。

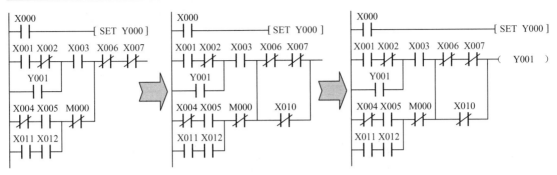

图 4-11　绘制梯形图程序的（14）～（16）步

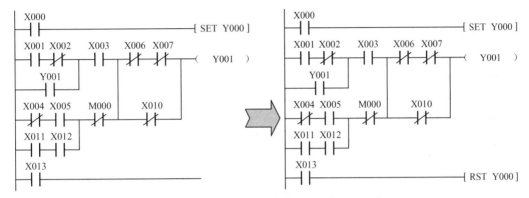

图 4-12　绘制梯形图程序的（17）和（18）步

（20）在 X014 右端，串联通用线圈 Y002。绘制梯形图程序的（19）和（20）步如图 4-13 所示。

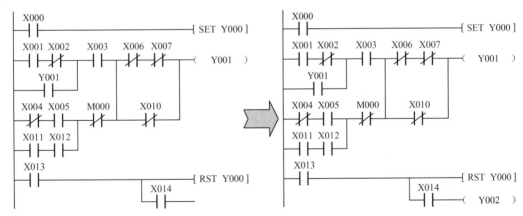

图 4-13　绘制梯形图程序的（19）和（20）步

（21）在左母线上，连接 END 指令符号，本次绘制一段梯形图程序的练习任务就完成了。绘制出的梯形图程序如图 4-14 所示。

3. 训练总结

通过本次训练，学生不仅了解了触点类、接线类、线圈类和指令类符号的具体绘制方法，还掌握了触点类、接线类、线圈类和指令类符号的各种串并联方法，从而为梯形图程序设计工作打下基础。

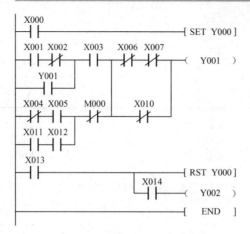

图 4-14 绘制出的梯形图程序

自测习题 4.2

（1）常用的梯形图符号包括_____、_____、_____、_____。

（2）不同的梯形图程序实际上是_____的不同组合。

（3）_____，都必须有一个主程序结束指令。

（4）常用的梯形图程序设计方法有_____、_____、_____、_____和_____。

（5）定时器线圈什么时候才开始得电？计数器线圈什么时候才开始得电？

（6）定时器的定时值需要计算吗？具体的计算方法是怎样的？

（7）计数器的计数值需要计算吗？

（8）什么叫作设计梯形图程序？

任务 4.3　学习梯形图程序的替换设计法

4.3.1　任务内容

（1）了解用替换设计法设计梯形图程序的步骤和要点。

（2）用替换设计法分别设计通电延时型控制系统和断电延时型控制系统的梯形图程序。

4.3.2　任务分析

在设计梯形图程序时，如果要把传统继电接触器控制系统升级改造成 PLC 控制系统，这时使用替换设计法设计梯形图程序是最合适的。因此，设置本任务的目的是，通过设计通电延时型控制系统和断电延时型控制系统的梯形图程序，使学生掌握用替换设计法设计梯形图程序的步骤和要点。

4.3.3　相关知识

1. 用替换设计法设计梯形图程序的步骤

用替换设计法设计梯形图程序的步骤如下。

（1）重新绘制传统继电接触器控制系统的控制电路图。

（2）分配 PLC 存储器。

（3）标注存储器编号。

（4）绘制梯形图程序。

梯形图符号与传统继电接触器控制系统控制电路图中图形符号的对应关系如表 4-5 所示。

表 4-5 梯形图符号与传统继电接触器控制系统控制电路图中图形符号的对应关系

梯形图符号			继电接触器控制电路图中的图形符号	
左母线、右母线			电源相线	L1 L2
动合触点			常开触头	
动断触点			常闭触头	
通用线圈 ——( )			接触器等线圈	
通电延时型定时器	线圈 ——(T××× K××) / ——(M000)		通电延时型时间继电器	线圈
	动合触点 T×××			常开触头 KT-×
	动断触点 T×××			常闭触头 KT-×
	瞬动触点 M000			瞬动触头 T×××S / KT×
断电延时型定时器	线圈 A	X000 T××× ——(M000) / M000 X000 ——(T××× K××)	断电延时型时间继电器	线圈 a SB×或KM× KT×
	线圈 B	X000 T××× ——(M000) / M000 X000 ——(T××× K××)		线圈 b SB×或KM× KT×
	动合触点 M000			常开触头 T×××D / KT-×
	动断触点 M000			常闭触头 T×××D / KT-×

用替换设计法设计梯形图程序的关键是：要会用表 4-5 列出的梯形图符号替换传统继电接触器控制系统控制电路图中的图形符号，尤其是通电延时型时间继电器瞬动触头的替换和断电延时型时间继电器的替换。

用替换设计法设计的梯形图程序是一种初步的程序，初步的程序不一定是合理的梯形图程序，可能还需对其进行优化工作，这个问题将在任务 4.8 中进行讨论。

2. 用替换设计法设计梯形图程序的要点

（1）重新绘制传统继电接触器控制系统控制电路图的要点。

① 将传统继电接触器控制系统的控制电路图按逆时针方向旋转 90°后重新绘制该控制电路图，绘制方法是：第 1 行绘制控制电路图的倒数第 1 行，第 2 行绘制控制电路图的倒数第 2 行……最后一行绘制控制电路的倒数最后一行。

② 控制电路图绘制好后，把各元件文字符号逐一标注在对应的图形符号的下方。

（2）分配 PLC 存储器的要点。

① 把文字符号标注为 SB、SQ、SA 或 FR 的启动开关、位置开关、保护开关、热继电器等主令电器的触头依次分配给 PLC 的输入存储器。

② 把文字符号标注为 KM、YA、B、HL（或 EL）的接触器线圈、电磁阀线圈、蜂鸣器线圈、指示灯等被控电器依次分配给 PLC 的输出存储器。

③ 把文字符号标注为 KA 的中间继电器线圈依次分配给 PLC 的中间存储器。

④ 把文字符号标注为 KT 的时间继电器线圈依次分配给 PLC 的定时器。

存储器分配的结果要以 PLC 存储器分配表的形式列出来。

（3）标注存储器编号的要点。

根据 PLC 存储器分配表中元件代号与存储器编号的对应关系，在重新绘制后的控制电路图上进行相应的标注。

① 把 PLC 输入存储器编号标注在对应主令电器触头符号的上方。

② 把 PLC 输出存储器编号标注在对应接触器线圈符号的上方。

③ 把 PLC 中间存储器编号标注在对应中间继电器线圈符号的上方。

④ 把 PLC 定时器编号标注在对应时间继电器线圈符号的上方（注意：这里必须标注定时值，定时值等于定时时间除以 0.1（单位：s），定时时间一般会标注在时间继电器线圈的旁边）。

⑤ 把 PLC 输出存储器编号、中间存储器编号和定时器编号分别标注在对应接触器触头符号、中间继电器触头符号和时间继电器触头符号的上方。

标注存储器编号时应特别注意：凡是通电延时型时间继电器的瞬动触头应先临时用 T××× S 标注，凡是断电延时型时间继电器的触头应先临时用 T××× D 标注。

（4）绘制梯形图程序的要点。

根据梯形图符号与传统继电接触器控制系统的控制电路图中图形符号之间的对应关系，用梯形图符号替换传统继电接触器控制系统的控制电路图中的图形符号，并在程序的最后加上 END 指令符号，即可得到初步的梯形图程序了。

① 分别用动合触点符号、动断触点符号、通用线圈符号直接替换传统继电接触器控制系统控制电路图中的常开触头符号、常闭触头符号、接触器线圈符号。

② 用通电延时型定时器线圈符号直接替换通电延时型时间继电器线圈符号。

③ 如果通电延时型时间继电器使用瞬动触头，那么应在定时器线圈符号 T××× 上并联一个 M000 线圈符号（见表 4-5 中通电延时型定时器线圈表示中的虚线部分），并用 M000 线圈的触头符号替换瞬动触头符号 KT×（注意这时的触头符号 KT× 已标注为 T××× S）。

④ 若断电延时型时间继电器的控制条件 SB× 或 KM× 是常开触头，则应该用表 4-5 中的线圈 A 替换线圈 a；若断电延时型时间继电器的控制条件 SB× 或 KM× 是常闭触头，则应该用表 4-5 中的线圈 B 替换线圈 b。特别值得注意的是：线圈 A 或线圈 B 中的 X000 就是控制条件 SB× 或 KM×，也就是说，替换断电延时型时间继电器的线圈时，是连同断电延时型

时间继电器的控制条件 SB× 或 KM× 一起替换的（线圈 A 或线圈 B 中已经包含了控制条件 SB× 或 KM×，千万不能多绘制控制条件）。同时不要忘记：分别用动合触点符号 M000 和动断触点符号 M000 替换断电延时型时间继电器的常开触头符号 KT-× 和常闭触头符号 KT-×（这时的触头符号 KT-× 已标注为 T×××D）。

4.3.4　任务实施

1. 器材准备

（1）绘图专用纸 2 张。

（2）绘图工具 1 套。

2. 训练步骤

1）用替换设计法设计通电延时型控制系统的梯形图程序

双速电动机控制系统的电气原理图如图 4-15 所示。

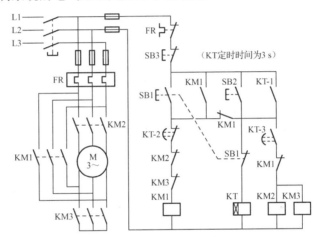

图 4-15　双速电动机控制系统的电气原理图

（1）重新绘制传统继电接触器控制系统的控制电路图。

把双速电动机控制系统的控制电路按逆时针方向旋转 90°，如图 4-16 所示。

按照重新绘制传统继电接触器控制系统控制电路图的要点对按逆时针方向旋转 90° 后的控制电路图进行绘制。重新绘制后的双速电动机控制系统控制电路图如图 4-17 所示。

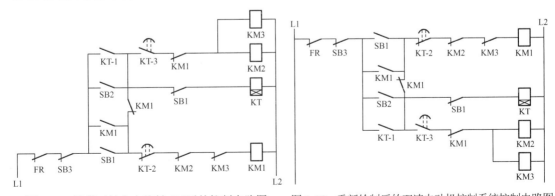

图 4-16　按逆时针方向旋转 90° 后的控制电路图　　图 4-17　重新绘制后的双速电动机控制系统控制电路图

（2）分配 PLC 存储器。

按照分配 PLC 存储器的要点，对 PLC 存储器进行分配。

由于双速电动机控制系统控制电路图中的时间继电器是通电延时型的，且使用了瞬动触头，这就需要在定时器线圈上并联一个中间存储器线圈，并用中间存储器的触点替换瞬动触头，因此本例分配 PLC 存储器时，使用了中间存储器 M000。PLC 存储器分配的结果如表 4-6 所示。

表 4-6　PLC 存储器分配的结果

项　　目	元件名称及代号	存储器编号
输入存储器分配	低速启动开关 SB1	X001
	高速启动开关 SB2	X002
	停止开关 SB3	X003
	过热继电器 FR 触头	X004
输出存储器分配	低速接触器 KM1 线圈	Y001
	高速接触器 KM2 线圈	Y002
	高速接触器 KM3 线圈	Y003
辅助存储器分配	通电延时型时间继电器 KT	T001　K30
		M000

（3）标注存储器编号。

按照标注存储器编号的要点，在重新绘制后的双速电动机控制系统控制电路图上标注存储器编号。

在本例中，时间继电器线圈是通电延时型时间继电器的线圈，故该线圈可标注为 T001 K30；KT-1 常开触头是瞬动触头，故先临时用 T001S 对其进行标注。

标注存储器编号后的控制电路图如图 4-18 所示。

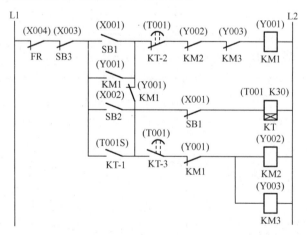

图 4-18　标注存储器编号后的控制电路图

（4）绘制梯形图程序。

按照绘制梯形图程序的要点，用梯形图符号来替换双速电动机控制系统控制电路图中的图形符号，并绘制梯形图程序。

在本例中，通电延时型时间继电器的线圈符号直接用通电延时型定时器线圈符号替换，

并在该线圈符号上并联一个 M000 线圈，再用 M000 线圈的动合触点替换瞬动触头 T001S。

最终得到的双速电动机控制系统梯形图程序如图 4-19 所示。

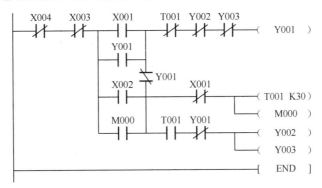

图 4-19 最终得到的双速电动机控制系统梯形图程序

2）用替换设计法设计断电延时型控制系统的梯形图程序

Y/△形降压启动电动机控制系统的电气原理图如图 4-20 所示。

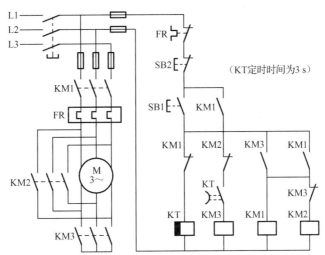

图 4-20 Y/△形降压启动电动机控制系统的电气原理图

（1）重新绘制传统继电接触器控制系统的控制电路图。

把 Y/△形降压启动电动机控制系统的控制电路图按逆时针方向旋转 90°，如图 4-21 所示。

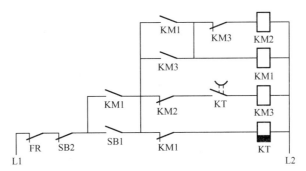

图 4-21 旋转后的 Y/△形降压启动电动机控制系统控制电路图

按照重新绘制传统继电接触器控制系统控制电路图的要点对按逆时针方向旋转 90°后的控制电路图进行绘制。重新绘制后的 Y/△形降压启动电动机控制系统控制电路图如图 4-22 所示。

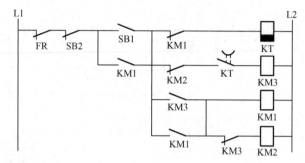

图 4-22　重新绘制后的 Y/△形降压启动电动机控制系统控制电路图

（2）分配 PLC 存储器。

按照分配 PLC 存储器的要点，对 PLC 存储器进行分配。

由于 Y/△形降压启动电动机控制系统控制电路图中的时间继电器是断电延时型时间继电器，并且其控制条件 KM1 是常闭触头，因此需用表 4-5 中的线圈 B 来替换断电延时型时间继电器 KT 线圈，同时用动合触点 M000 来替换常开触头 T001D。所以，本例分配 PLC 存储器时，使用了中间存储器 M000。

PLC 存储器的分配结果如表 4-7 所示。

表 4-7　PLC 存储器的分配结果

项　　目	元件名称及代号	存储器编号
输入存储器分配	过热继电器 FR 触头	X000
	启动开关 SB1	X001
	停止开关 SB2	X002
输出存储器分配	主接触器 KM1 线圈	Y001
	△接触器 KM2 线圈	Y002
	Y 接触器 KM3 线圈	Y003
辅助存储器分配	断电延时型时间继电器 KT	T001　K30
		M000

（3）标注存储器编号。

按照标注存储器编号的要点，在重新绘制后的 Y/△形降压启动电动机控制系统的控制电路图上标注存储器编号。

在本例中，时间继电器的线圈是断电延时型时间继电器的线圈，故该线圈可标注为 T001 K30；时间继电器的常开触头是断电延时型时间继电器的触头，故该常开触头可先临时标注为 T001D。

标注存储器编号后的控制电路图如图 4-23 所示。

（4）绘制梯形图程序。

按照绘制梯形图程序的要点，用梯形图符号替换 Y/△形降压启动电动机控制系统控制电路图中的图形符号，绘制梯形图程序。

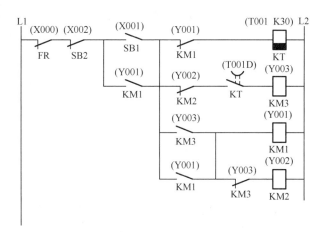

图 4-23　标注存储器编号后的控制电路图

最终得到的 Y/△形降压启动电动机控制系统的梯形图程序如图 4-24 所示。

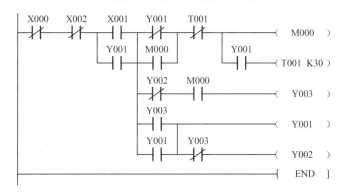

图 4-24　最终得到的 Y/△形降压启动电动机控制系统的梯形图程序

3. 训练总结

通过本次训练，学生不仅能掌握在用替换设计法设计梯形图程序时，如何用梯形图符号替换传统继电接触器控制系统控制电路图中的图形符号，还掌握了通电延时型时间继电器瞬动触头和断电延时型时间继电器的替换方法，并掌握了用替换设计法设计梯形图程序的步骤和要点。

自测习题 4.3

（1）在替换设计法中，该方法是分别用_____符号、_____符号、_____符号直接替换传统继电接触器控制系统控制电路图中的常开触头符号、常闭触头符号、接触器线圈符号，其中应特别注意的是：通电延时型时间继电器是用_____符号直接替换通电延时型时间继电器线圈符号的，若通电延时型时间继电器使用瞬动触头，则应在定时器线圈符号上并联一个_____符号，并用_____符号替换瞬动触头符号；若断电延时型时间继电器的控制条件 SB× 或 KM× 是常开触头，则应该用线圈_____替换线圈_____；若控制条件 SB× 或 KM× 是常闭触头，则应该用线圈_____替换线圈_____，并分别用_____符号 M000 和_____符号 M000 来替换常开触头符号 KT-× 和常闭触头符号 KT-×。

（2）用替换设计法设计梯形图程序的步骤是＿＿＿＿＿＿＿＿、＿＿＿＿＿＿＿＿、
＿＿＿＿＿＿＿＿、＿＿＿＿＿＿＿＿。

（3）替换设计法适用于什么样的场合？

（4）替换断电延时型时间继电器的线圈时，控制条件需要另外绘制出来吗？

（5）试用替换设计法设计出图 4-25 所示的串联电阻降压启动控制系统中控制电路的梯形图程序。

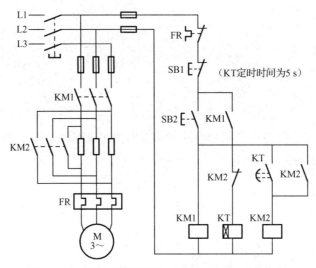

图 4-25 串联电阻降压启动控制系统电气原理图

（6）试用替换设计法设计图 4-26 所示的电动机能耗制动控制系统中控制电路的梯形图程序。

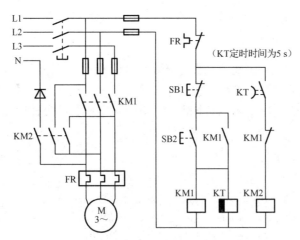

图 4-26 电动机能耗制动控制系统电气原理图

任务 4.4 学习梯形图程序的真值表设计法

4.4.1 任务内容

（1）了解用真值表设计法设计梯形图程序的步骤和要点。

（2）用真值表设计法设计 3 人制约仓库门锁控制系统的梯形图程序。

4.4.2 任务分析

在进行梯形图程序设计时，如果碰到具有组合逻辑控制功能的控制系统，使用真值表设计法设计其梯形图程序是最合适的。因此，设置本任务的目的是，通过相关知识的学习，使学生了解用真值表设计法设计梯形图程序的步骤和要点，同时通过设计 3 人制约仓库门锁控制系统梯形图程序的训练，使学生学会用真值表设计法设计梯形图程序。

4.4.3 相关知识

1. 用真值表设计法设计梯形图程序的步骤

用真值表设计法设计梯形图程序的步骤如下。

（1）确认主令电器和被控电器。

（2）分配 PLC 存储器。

（3）填写真值表。

（4）绘制梯形图程序。

学生使用真值表设计法设计梯形图程序的关键是：会填写真值表，并掌握增加主令电器时扩展组合逻辑状态表的基本规律；会使用梯形图模板，并掌握存储器的控制状态与梯形图程序中动合触点、动断触点符号之间的关系。

2. 用真值表设计法设计梯形图程序的要点

1）确认主令电器和被控电器的要点

启动开关、位置开关、保护开关及热保护继电器触头等属于主令电器（这一类电器的文字符号通常标注为 SB、SQ、SA 或 FR），接触器线圈、变频器、显示器件、指示灯等属于被控电器（这一类电器的文字符号通常标注为 KM、VF、HL 或 EL）。

2）分配 PLC 存储器的要点

（1）把主令电器依次分配给 PLC 的输入存储器。

（2）把被控电器依次分配给 PLC 的输出存储器。

存储器分配的结果要以 PLC 存储器分配表的形式列出来。

3）填写真值表的要点

真值表设计法中的真值表模板如表 4-8 所示。主令电器的组合逻辑状态表如图 4-27 所示。

表 4-8 真值表设计法中的真值表模板

电器类别		输入				输出			
		主令电器 1	主令电器 2	…	主令电器 n	被控电器 1	被控电器 2	…	被控电器 n
可能出现的控制状态	第 1 种								
	第 2 种								
	⋮								
	第 n 种								
存储器编号									
电器代号									

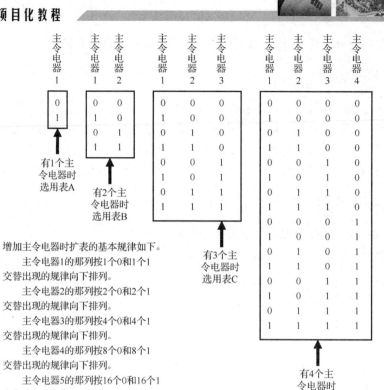

有1个主令电器时选用表A

有2个主令电器时选用表B

有3个主令电器时选用表C

有4个主令电器时选用表D

增加主令电器时扩表的基本规律如下。

主令电器1的那列按1个0和1个1交替出现的规律向下排列。

主令电器2的那列按2个0和2个1交替出现的规律向下排列。

主令电器3的那列按4个0和4个1交替出现的规律向下排列。

主令电器4的那列按8个0和8个1交替出现的规律向下排列。

主令电器5的那列按16个0和16个1交替出现的规律向下排列，以此类推。

有 n 个主令电器，可能出现的控制状态就应该有 2^n 种

图 4-27　主令电器的组合逻辑状态表

真值表模板的使用方法如下。

（1）真值表模板的输入部分列数由主令电器的个数来决定：有 2 个主令电器，输入部分就保留主令电器 1 和主令电器 2；有 3 个主令电器，输入部分就保留主令电器 1、主令电器 2 和主令电器 3，以此类推。

（2）真值表模板的输出部分列数由被控电器的个数来决定：有 2 个被控电器，输出部分就保留被控电器 1 和被控电器 2；有 3 个被控电器，输出部分就保留被控电器 1、被控电器 2 和被控电器 3，以此类推。

（3）真值表模板的控制状态行数由主令电器的个数来决定：有 n 个主令电器，可能出现的控制状态就应该有 2^n 种，真值表的控制状态行数也就应该有 2^n 行。

真值表模板的填写方法如下。

（1）在真值表模板的电器代号一行中，分别填写主令电器 1、主令电器 2……主令电器 n，被控电器 1、被控电器 2……被控电器 n 的电器代号；在存储器编号一行中，分别填写与主令电器 1、主令电器 2……主令电器 n，被控电器 1、被控电器 2……被控电器 n 对应的输入存储器编号和输出存储器编号。

（2）根据主令电器的个数，选择对应的组合逻辑状态表，并把选中的组合逻辑状态表填写到真值表模板输入部分的空格中。

（3）依据控制要求，分析出每一种控制状态对应的被控电器线圈的得电与失电情况，并把被控电器线圈的得电与失电情况填写到真值表模板对应输出部分的空格中，被控电器线圈得电的就填 1，被控电器线圈失电的就填 0（为了避免出错或遗漏，输出部分空格中的 0 通常

不用填写，而让其空着，这样就可以非常清晰地看出 1 的个数）。

4）绘制梯形图程序的要点

真值表设计法中的梯形图模板如图 4-28 所示。

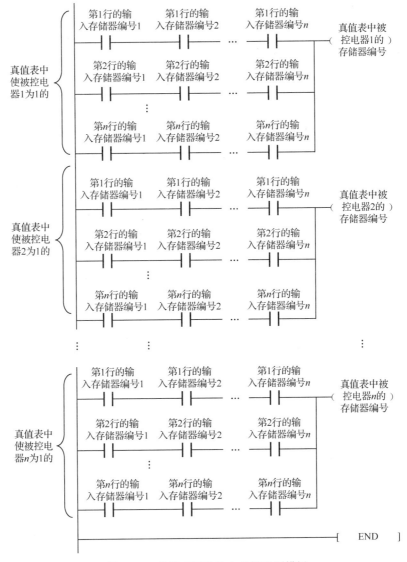

图 4-28　真值表设计法中的梯形图模板

梯形图模板的使用方法如下。

（1）梯形图模板的逻辑行行数由被控电器的个数来决定：有 2 个被控电器，梯形图模板中就保留 2 行逻辑行；有 3 个被控电器，梯形图模板中就保留 3 行逻辑行，以此类推。

（2）梯形图模板的每一行逻辑行中并联支路的条数由使该被控电器为 1 的控制状态种数来决定：使该被控电器为 1 的控制状态有 2 种，就应有 2 条并联支路；使该被控电器为 1 的控制状态有 3 种，就应有 3 条并联支路，以此类推。

（3）梯形图模板的各条支路上串联的触点个数由主令电器的个数来决定：有 2 个主令电器，每一条支路上就有 2 个触点串联；有 3 个主令电器，每一条支路上就应有 3 个触点串

联，以此类推。

（4）梯形图模板中各个触点符号的类型由真值表中主令电器的状态来决定：真值表中主令电器状态为 1 的，该模板中对应的触点就用动合触点符号；真值表中主令电器状态为 0 的，该模板中对应的触点就用动断触点符号。

4.4.4 任务实施

1. 器材准备

（1）绘图专用纸 1 张。

（2）绘图工具 1 套。

2. 训练步骤

试用真值表设计法设计一个 3 人制约仓库门锁控制系统，具体控制要求如下。

（1）仓库门锁上设置有 3 个锁孔开关，当锁孔中没有插入钥匙或插入无效钥匙时，该锁孔的锁孔开关断开；当锁孔中插入有效钥匙时，该锁孔的锁孔开关闭合。

（2）在 3 个锁孔开关中，只有 1 个锁孔开关闭合时，红灯亮起并发出不允许开锁的警告；只有 2 个锁孔开关闭合时，黄灯亮起并发出无法开锁的提示；当 3 个锁孔开关全部闭合时，绿灯亮起并发出开锁信号并使电磁锁得电打开门锁。

从以上控制要求中可以看出，电磁锁与 3 个锁孔开关之间具有严格的组合逻辑控制关系，因此该控制系统非常适合用真值表设计法来设计其梯形图程序。

（1）确认主令电器和被控电器。

在 3 人制约仓库门锁控制系统中，主令电器有锁孔开关 SB1、锁孔开关 SB2、锁孔开关 SB3；被控电器有红灯 HL1、黄灯 HL2、绿灯 HL3、电磁锁 KM 线圈（其中电磁锁线圈与绿灯动作规律一致且完全同步）。

（2）分配 PLC 存储器。

PLC 存储器分配表如表 4-9 所示。

表 4-9 PLC 存储器分配表

项　　目	元件名称及代号	存储器编号
输入存储器分配	锁孔开关 SB1	X001
	锁孔开关 SB2	X002
	锁孔开关 SB3	X003
输出存储器分配	红灯 HL1	Y001
	黄灯 HL2	Y002
	绿灯 HL3	Y003
	电磁锁 KM 线圈	Y004

（3）填写真值表。

① 在真值表模板的电器代号一行中，对应于主令电器 1、主令电器 2、主令电器 3、被控电器 1、被控电器 2、被控电器 3、被控电器 4 的空格分别填上 SB1、SB2、SB3、HL1、HL2、HL3、KM。

② 在真值表模板的存储器编号一行中，对应于 SB1、SB2、SB3、HL1、HL2、HL3、

KM 的空格分别填上 X001、X002、X003、Y001、Y002、Y003、Y004。

③ 把图 4-27 中的表 C 填到真值表模板的输入部分空格中（因为本控制系统共有 3 个主令电器，所以选图 4-27 中的表 C）。

④ 依据控制要求，分析得知每一种控制状态对应的被控电器线圈的得电与失电情况为：对于第 2 种、第 3 种和第 5 种控制状态，被控电器 1 应为 1；对于第 4 种、第 6 种和第 7 种控制状态，被控电器 2 应为 1；对于第 8 种控制状态，被控电器 3 和被控电器 4 应为 1，余下的控制状态应全为 0。把分析的结果填写到真值表模板的输出部分空格中（为了看得清晰，避免遗漏或出错，这里为 0 的输出部分空格干脆不填，而让它空着），可得 3 人制约仓库门锁的真值表，如表 4-10 所示。

表 4-10　3 人制约仓库门锁的真值表

电器类别		输　入			输　出			
		主令电器 1	主令电器 2	主令电器 3	被控电器 1	被控电器 2	被控电器 3	被控电器 4
可能出现的控制状态	第 1 种	0	0	0				
	第 2 种	1	0	0	1			
	第 3 种	0	1	0	1			
	第 4 种	1	1	0		1		
	第 5 种	0	0	1	1			
	第 6 种	1	0	1		1		
	第 7 种	0	1	1		1		
	第 8 种	1	1	1			1	1
存储器编号		X001	X002	X003	Y001	Y002	Y003	Y004
电器代号		SB1	SB2	SB3	HL1	HL2	HL3	KM

（4）绘制梯形图程序。

① 在表 4-10 所示的真值表中，因使 Y001 为 1 的有第 2 种、第 3 种和第 5 种控制状态，因此梯形图程序的第 1 行逻辑行应由 3 条支路并联而成。又因每种控制状态各由 3 个主令电器组合而成，所以每条支路应由 3 个输入存储器 X001、X002、X003 触点串联而成。同时可看出，使 Y001 为 1 的第 2 种控制状态的输入存储器中 X001 为 1、X002 为 0、X003 为 0；使 Y001 为 1 的第 3 种控制状态的输入存储器中 X001 为 0、X002 为 1、X003 为 0；使 Y001 为 1 的第 5 种控制状态的输入存储器中 X001 为 0、X002 为 0、X003 为 1。因此，梯形图程序第 1 行逻辑行的第 1 条支路应由动合触点 X001、动断触点 X002、动断触点 X003 串联而成，第 2 条支路应由动断触点 X001、动合触点 X002、动断触点 X003 串联而成，第 3 条支路应由动断触点 X001、动断触点 X002、动合触点 X003 串联而成。这样一来，仿照梯形图模板的结构，梯形图程序的第 1 行逻辑行就被绘制出来了，如图 4-29 所示。

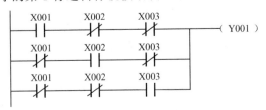

图 4-29　梯形图程序的第 1 行逻辑行

② 按类似的方法，逐一绘制梯形图程序的第 2 行逻辑行和第 3 行逻辑行。

③ 考虑到 Y003 和 Y004 的动作规律完全一致且完全同步，故把 Y004 并接到 Y003 上。

④ 按照梯形图程序的绘制规则，最后一行应增加一个 END 指令符号。

至此，3 人制约仓库门锁控制系统的梯形图程序设计完成，如图 4-30 所示。

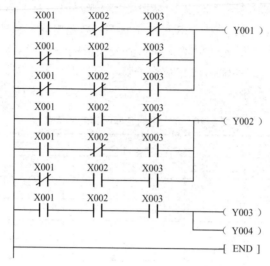

图 4-30　3 人制约仓库门锁控制系统的梯形图程序

3. 训练总结

通过本次训练，学生不仅掌握了在用真值表设计法设计梯形图程序时，如何填写真值表模板和使用梯形图模板，还掌握了梯形图模板中触点符号与真值表中存储器控制状态之间的关系及用真值表设计法设计梯形图程序的步骤和要点。

自测习题 4.4

（1）有 n 个主令电器时，真值表中可能出现的控制状态就应该有_____种。

（2）当控制系统共有_____个主令电器时，真值表的输入部分空格中应填图 4-27 中的表 D，当控制系统共有 5 个主令电器时，应把图 4-27 中的表 D 扩展为 5 列，主令电器 5 的那列按_____个 0 和_____个 1 交替出现的规律向下排列。

（3）真值表的输出部分空格中，被控电器线圈得电时就填_____。

（4）在真值表设计法的梯形图模板中：每一行逻辑行中，使该被控电器为 1 的控制状态有几种，就应有几条并联_____；有几个主令电器，每一条支路就应有几个_____串联；真值表中主令电器控制状态为 1 的，该模板中对应的触点就用_____触点符号；真值表中主令电器控制状态为 0 的，该模板中对应的触点就用_____触点符号。

（5）用真值表设计法设计梯形图程序的步骤是怎样的？

（6）用真值表设计法设计梯形图程序特别适合于哪种场合？

（7）试用真值表设计法设计一个地下送风机监视装置的 PLC 用户程序，具体控制要求：该系统共装有 3 台送风机，当有 2 台及 2 台以上送风机运转时，绿灯亮；当只有 1 台送风机运转时，黄灯亮；当 3 台送风机都不运转时，红灯亮且报警器得电发出报警声（提示：送风机上装有一个离心开关，送风机运转时闭合、停转时断开）。

（8）试用真值表设计法设计一个 4 人表决器的 PLC 用户程序，具体控制要求：按下复位开关后，当有 2 个或 2 个以下表决开关被按下时，红灯亮；当有 3 个表决开关被按下时，绿灯亮；当有 4 个表决开关被按下时，蜂鸣器得电奏乐且彩带机得电射出彩纸。

任务 4.5　学习梯形图程序的波形图设计法

4.5.1　任务内容

（1）了解用波形图设计法设计梯形图程序的步骤和要点。
（2）用波形图设计法设计霓虹灯控制系统的梯形图程序。

4.5.2　任务分析

在进行梯形图程序设计时，如果碰到具有时序逻辑控制功能（被控电器按时间先后顺序进行工作）的控制系统，使用波形图设计法设计其梯形图程序是最合适的。因此，设置本任务的目的是，通过对霓虹灯控制系统梯形图程序设计的介绍，使学生掌握用波形图设计法设计梯形图程序的步骤和要点，同时使学生学会用波形图设计法设计顺序控制系统梯形图程序的技能。

4.5.3　相关知识

1. 用波形图设计法设计梯形图程序的步骤

用波形图设计法设计梯形图程序的步骤如下。
（1）确认主令电器和被控电器。
（2）分配 PLC 存储器。
（3）绘制波形图。
（4）绘制梯形图程序。
学生使用波形图设计法设计梯形图程序的关键是：会绘制波形图，并掌握工作波形的绘制方法；会使用梯形图模板。

2. 用波形图设计法设计梯形图程序的要点

1）确认主令电器和被控电器的要点
启动开关、位置开关、保护开关及热保护继电器触头等属于主令电器（这一类电器的文字符号通常为 SB、SQ、SA 或 FR），接触器线圈、变频器、显示器件、指示灯等属于被控电器（这一类电器的文字符号通常为 KM、VF、HL 或 EL）。

2）分配 PLC 存储器的要点
（1）把主令电器依次分配给 PLC 的输入存储器。
（2）把被控电器依次分配给 PLC 的输出存储器。
（3）根据需要分配 PLC 的定时器。
存储器分配的结果要以 PLC 存储器分配表的形式列出来。

3）绘制波形图的要点
用波形图设计法设计梯形图程序时的波形图模板如图 4-31 所示。

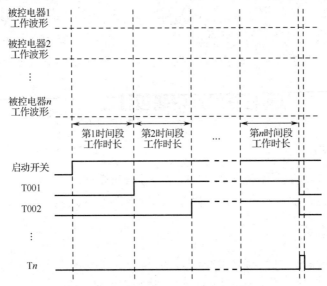

图 4-31　用波形图设计法设计梯形图程序时的波形图模板

波形图模板的使用方法如下。

（1）波形图模板中被控电器工作波形的行数由被控电器的个数来决定：有 2 个被控电器，波形图模板中就保留 2 行工作波形；有 3 个被控电器，波形图模板中就保留 3 行工作波形，以此类推。

（2）波形图模板中定时器波形的行数由每个循环中时间段的个数来决定：每个循环分为 2 个时间段，就用 2 个定时器，也就需保留 T001 和 Tn 定时器波形（注意此时应把 Tn 改为 T002）；每个循环分为 3 个时间段，就用 3 个定时器，也就需保留 T001、T002 和 Tn 定时器波形（注意此时应把 Tn 改为 T003），以此类推。

波形图的绘制方法如下。

（1）必须先绘制被控电器的工作波形，然后划分时间段，最后绘制定时器波形。

（2）绘制被控电器的工作波形时，应按时间段分析，对于某一时间段来说，该时间段中有哪些被控电器处于工作状态，则这些被控电器的工作波形就应为正向脉冲，即对于某一被控电器来说，该被控电器在哪些时间段处于工作状态，则这些时间段就应有正向脉冲出现在该被控电器的工作波形上。

（3）以最短的工作时长为基准宽度，按基准宽度的倍数去绘制每一段工作时长的宽度。

4）绘制梯形图程序的要点

用波形图设计法设计梯形图程序时的梯形图模板如图 4-32 所示。

梯形图模板的使用方法如下。

（1）既使用非自锁型的启动开关又使用停止开关，必须使用梯形图模板中的第 1 行逻辑行。

（2）若使用自锁型的启动开关来担任启动和停止任务，则不必使用梯形图模板中的第 1 行逻辑行，并应把第 2 行逻辑行的动合触点 M000 更改为启动开关的动合触点。

（3）梯形图模板中间部分的逻辑行行数由定时器的个数来决定：有 2 个定时器，中间部分就保留 2 行逻辑行；有 3 个定时器，中间部分就保留 3 行逻辑行，以此类推。

（4）梯形图模板后半部分的逻辑行行数由被控电器的个数来决定：有 2 个被控电器，后半部分就保留 2 行逻辑行；有 3 个被控电器，后半部分就保留 3 行逻辑行，以此类推。

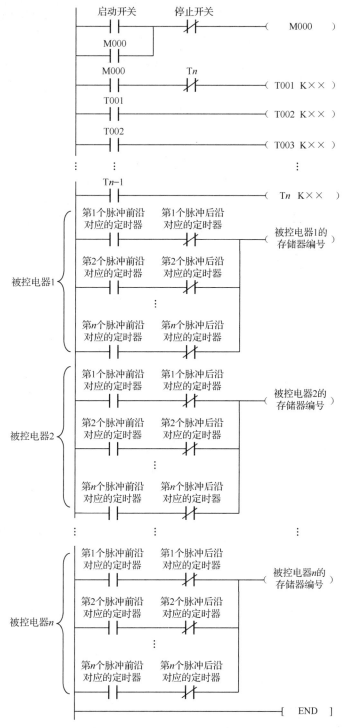

图 4-32　用波形图设计法设计梯形图程序时的梯形图模板

（5）梯形图模板后半部分的每一行逻辑行中并联支路的数量由该被控电器工作波形中的脉冲个数来决定：该被控电器的工作波形中有 2 个脉冲，该逻辑行就应有 2 条并联支路；该被控电器的工作波形中有 3 个脉冲，该逻辑行就应有 3 条并联支路，以此类推。

（6）若某脉冲的前沿不对应于某个定时器波形的上升沿，而对应于启动开关波形的上升

沿，此时应注意：对于使用非自锁型的启动开关且使用停止开关的，则应使用动合触点 M000；对于使用自锁型的启动开关来担任启动和停止任务的，则应使用启动开关的动合触点。

3. 用波形图设计法设计梯形图程序的相关问题及处理

由于普通定时器的最大定时时间（单位：s）为 0.1×32 767=3 276.7，无法满足那些需要长时间定时的情况，这时可采取如下办法来解决。

1）用多个定时器接力的办法实现长时间定时

多个定时器接力实现长时间定时如图 4-33 所示。当 X000 闭合时，定时器 T001 开始计时，经过 3 276.7 s 后定时器 T001 定时时间到，动合触点 T001 闭合，接通定时器 T002 开始接力计时，经过 3 276.7 s 后定时器 T002 定时时间到，动合触点 T002 闭合。当 X000 断开时，所有定时器均被复位，等待下一次重新计时。

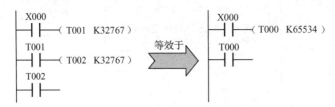

图 4-33　多个定时器接力实现长时间定时

很显然，从 X000 闭合到 T002 闭合经过的时间为 3 276.7+3 276.7=6 553.4 s，定时时间已经扩展为原来的 2 倍，若需要更长的定时时间，可按此法类推，用 3 个、4 个甚至更多个定时器进行接力定时，总定时时间则为各个定时器定时时间之和。

2）用特殊存储器配合计数器的办法实现长时间定时

特殊存储器配合计数器实现长时间定时如图 4-34 所示。当动合触点 X000 闭合时，动断触点 X000 断开，复位功能被取消，计数器 C000 对特殊存储器 M8014 触点的通断次数进行计数。由于 M8014 为分脉冲信号特殊存储器，因此计数器 C000 每隔 1 min 加 1，当加到 32 767 时，动合触点 C000 闭合。当动合触点 X000 断开时，动断触点 X000 闭合，计数器 C000 被复位，等待下一次重新计数。

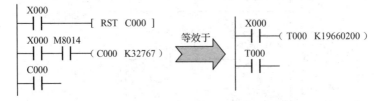

图 4-34　特殊存储器配合计数器实现长时间定时

很显然，从动合触点 X000 闭合到动合触点 C000 闭合经过的时间为 60×32 767=1 966 020 s，定时时间可达普通定时器定时时间的 60 倍，可以算得上是一个长延时定时器了。

3）用定时器配合计数器的办法实现长时间定时

若上述办法仍不能满足长时间定时的要求，则可采用定时器配合计数器的办法来实现长时间定时，如图 4-35 所示。当动合触点 X000 闭合时，定时器 T001 开始计时，计到 3 276.7 s 时，动断触点 T001 断开，定时器 T001 复位，又进入下一次计时，与此同时，动合触点 T001

通断 1 次，计数器 C002 则对动合触点 T001 的通断次数进行加计数，当计到 32 767 次时，动合触点 C002 闭合。当动合触点 X000 断开时，定时器 T001 和计数器 C002 均复位，等待下一次重新计时。

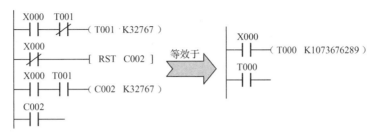

图 4-35　定时器配合计数器实现长时间定时

很显然，从动合触点 X000 闭合到动合触点 C002 闭合经过的时间为 3 276.7×32 767= 107 367 628.9 s，定时时间可达普通定时器定时时间的 32 767 倍，可以算得上是一个超长时间定时器了。

4.5.4　任务实施

1. 器材准备

（1）绘图专用纸 1 张。

（2）绘图工具 1 套。

2. 训练步骤

试设计一个霓虹灯控制系统，具体控制要求：用 6 个霓虹灯 HL1、HL2、HL3、HL4、HL5、HL6 组成"科研所欢迎您"字灯，亮灯过程为 HL1～HL6 依次点亮 1 s→全暗 1 s→HL1 先点亮 1 s 后 HL2 点亮→隔 1 s 后 HL3 点亮→隔 1 s 后 HL4 点亮→隔 1 s 后 HL5 点亮→隔 1 s 后 HL6 点亮→隔 1 s 后全暗 2 s→HL1～HL6 全亮 2 s→全暗 2 s→从头开始循环；霓虹灯由光控开关 GK 控制，白天光控开关 GK 断开，霓虹灯不工作，晚上光控开关 GK 闭合，霓虹灯工作。

从以上控制要求可以看出，被控电器具有明显的按时间先后顺序进行工作的时序逻辑控制功能，因此该控制系统非常适合用波形图设计法来设计其梯形图程序。

（1）确认主令电器和被控电器。

在霓虹灯控制系统中，主令电器只有光控开关 GK；被控电器有霓虹灯 HL1、HL2、HL3、HL4、HL5、HL6。

（2）分配 PLC 存储器。

把光控开关 GK 分配给 PLC 的输入存储器，把霓虹灯 HL1、HL2、HL3、HL4、HL5、HL6 依次分配给 PLC 的输出存储器。另外，由于霓虹灯控制系统的一个循环过程分为 16 个时间段，因此需要用 16 个定时器进行控制。PLC 存储器分配的结果如表 4-11 所示。

表 4-11　PLC 存储器分配的结果

项　目	元件名称及代号	存储器编号
输入存储器分配	光控开关 GK	X000
输出存储器分配	霓虹灯 HL1	Y001

项　　目	元件名称及代号	存储器编号
输出存储器分配	霓虹灯 HL2	Y002
	霓虹灯 HL3	Y003
	霓虹灯 HL4	Y004
	霓虹灯 HL5	Y005
	霓虹灯 HL6	Y006
辅助存储器分配	定时器 1	T001
	定时器 2	T002
	定时器 3	T003
	定时器 4	T004
	定时器 5	T005
	定时器 6	T006
	定时器 7	T007
	定时器 8	T008
	定时器 9	T009
	定时器 10	T010
	定时器 11	T011
	定时器 12	T012
	定时器 13	T013
	定时器 14	T014
	定时器 15	T015
	定时器 16	T016

（3）绘制波形图。

由于霓虹灯控制系统共有 6 个被控电器，因此应绘制 6 行工作波形。根据控制要求可知，Y001 应在第 1 时间段、第 8～13 时间段和第 15 时间段工作，Y002 应在第 2 时间段、第 9～13 时间段和第 15 时间段工作，Y003 应在第 3 时间段、第 10～13 时间段和第 15 时间段工作，Y004 应在第 4 时间段、第 11～13 时间段和第 15 时间段工作，Y005 应在第 5 时间段、第 12～13 时间段和第 15 时间段工作，Y006 应在第 6 时间段、第 13 时间段和第 15 时间段工作。在这 16 个时间段中，第 1～13 时间段的工作时长都是 1 s，第 14～16 时间段的工作时长都是 2 s。因此，学生仿照波形图模板的结构，就可绘制霓虹灯控制系统的波形图了，如图 4-36 所示。

（4）绘制梯形图程序。

由于霓虹灯控制系统中未使用启动开关和停止开关，而只使用了一个光控开关，因此梯形图模板中的第 1 行逻辑行应舍去不用；第 2 行逻辑行中 M000 应由 X000 代替，第 n 个定

时器应是 T016；第 17 行逻辑行中第 $n-1$ 个定时器应是 T015，第 n 个定时器应是 T016；第 18 行逻辑行中被控电器 1 应是 Y001，由于 Y001 共有 3 个脉冲，因此第 18 行逻辑行应有 3 条并联支路。又因为 Y001 的第 1 个脉冲的前沿与 X000 的前沿对应、后沿与 T001 的前沿对应，第 2 个脉冲的前沿与 T007 的前沿对应、后沿与 T013 的前沿对应，第 3 个脉冲的前沿与 T014 的前沿对应、后沿与 T015 的前沿对应，所以第 18 行逻辑行第 1 条并联支路的动合触点应是 X000、动断触点应是 T001，第 2 条并联支路的动合触点应是 T007、动断触点应是 T013，第 3 条并联支路的动合触点应是 T014、动断触点应是 T015；第 19～23 行逻辑行的绘制方法类似于第 18 行逻辑行的绘制方法；第 24 行逻辑行应是 END 指令符号。

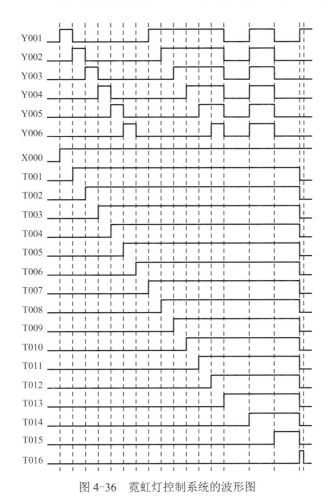

图 4-36　霓虹灯控制系统的波形图

由于第 1～13 时间段的工作时长都是 1 s，第 14～16 时间段的工作时长都是 2 s，因此 T001～T013 的定时值都是 1÷0.1=10，T014～T016 的定时值都是 2÷0.1=20。

至此，霓虹灯控制系统的梯形图程序设计完成，如图 4-37 所示。

3. 训练总结

通过本次训练，学生不仅掌握了在用波形图设计法设计梯形图程序时，如何绘制波形图和使用梯形图模板，还掌握了用波形图设计法设计梯形图程序的步骤和要点。

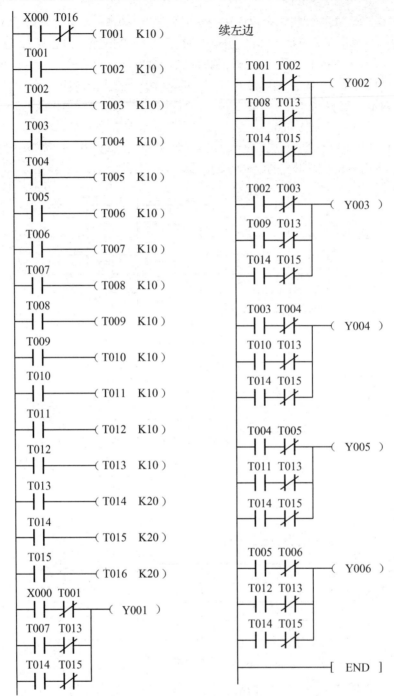

图 4-37　霓虹灯控制系统的梯形图程序

自测习题 4.5

（1）波形图的绘制方法是必须先绘制_____，然后_____，最后绘制_____。绘制被控电器的工作波形时，应按时间段分析，对于某一时间段来说，该时间段中有哪些被控电器处于_____，则这些被控电器的工作波形就应出现_____。

（2）使用波形图设计法设计梯形图程序时，若既使用非自锁型的启动开关又使用停止开关，则必须使用梯形图模板中的_____逻辑行。若使用自锁型的启动开关来担任启动和停止任务，则不必使用梯形图模板中的_____逻辑行，并应把第 2 行逻辑行中的动合触点 M000更改为_____的动合触点。

（3）使用波形图设计法设计梯形图程序时，若某脉冲的前沿不对应于某个定时器波形的上升沿，而对应于启动开关波形的上升沿，此时应注意：对于既使用非自锁型的启动开关又使用停止开关的，则应使用_____的动合触点；对于使用自锁型的启动开关来担任启动和停止任务的，则应使用_____的动合触点。

（4）波形图设计法设计梯形图程序的步骤是怎样的？

（5）波形图设计法适用于哪种场合？

（6）试用波形图设计法设计一个步进电动机控制装置的 PLC 用户程序，具体控制要求：某步进电动机有 A、B、C、D 绕组，按下启动开关后，要求通电顺序为：A 组 1 s→A 组加 B组 0.5 s→B 组 1 s→B 组加 C 组 0.5 s→C 组 1 s→C 组加 D 组 0.5 s→D 组 1 s→D 组加 A 组 0.5 s→从头开始循环，直到按下停止开关为止。

（7）试用波形图设计法设计一个十字路口交通信号灯控制装置的 PLC 用户程序，具体控制要求：按下启动开关，首先南北方向红灯亮 30 s，在此期间，东西方向绿灯亮 25 s，然后东西方向绿灯闪烁 3 s，最后东西方向黄灯亮 2 s。切换成东西方向红灯亮 30 s，在此期间，首先南北方向绿灯亮 25 s，然后南北方向绿灯闪烁 3 s，最后南北方向黄灯亮 2 s，按此规律往复循环，直到按下停止开关为止。

任务 4.6　学习梯形图程序的步进图设计法

4.6.1　任务内容

（1）了解用步进图设计法设计梯形图程序的步骤和要点。

（2）用步进图设计法设计咖啡自动售卖机控制系统的梯形图程序。

4.6.2　任务分析

在进行梯形图程序设计时，如果碰到具有顺序步进控制功能（被控电器按动作先后顺序进行工作）的控制系统，使用步进图设计法设计其梯形图程序是最合适的。因此，设置本任务的目的是，使学生通过设计咖啡自动售卖机控制系统的梯形图程序，掌握用步进图设计法设计梯形图程序的步骤和要点。

4.6.3　相关知识

1. 用步进图设计法设计梯形图程序的步骤

用步进图设计法设计梯形图程序的步骤如下。

（1）绘制流程图。

（2）绘制步进图。

（3）绘制梯形图程序。

学生使用步进图设计法设计梯形图程序的关键是：会绘制流程图；会把流程图转换成步

进图，尤其会用简单的步进图拼装成复杂的步进图；会套用梯形图模板。

2. 用步进图设计梯形图程序的要点

1）绘制流程图的要点

在实际的工业生产中，常常会出现按动作先后顺序步进控制电器的情况。例如，液体混合控制装置的工艺过程为初始状态→电磁阀 A 开启投放液体甲→电磁阀 B 开启投放液体乙→搅拌电动机开启搅拌液体→电磁阀 C 开启排放混合液体→返回初始状态。为了更清晰地表达出液体混合控制装置工艺过程的流向、工艺过程中每一个阶段分别控制哪些被控电器及工艺过程中关闭当前工步激活后续步的所需条件，人们用方形框表示"工步"，用菱形框表示"激活条件"（关闭当前工步激活后续步所需条件的简称），用方形框和菱形框之间的垂直线段表示"流向线"（工艺过程的流向路线），用方形框右边标注的文字表示"被控电器"（每一工步所控制的电器），于是绘制出图 4-38 所示的工艺流程图（也称工作流程图），通常直接简称为流程图。

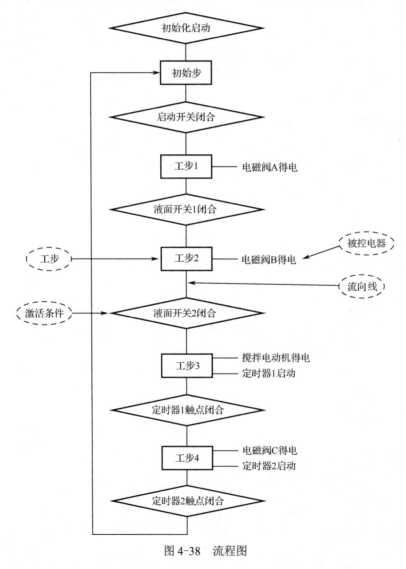

图 4-38　流程图

从图 4-38 可以看出，绘制流程图的要点是：必须符合工艺过程和控制要求；必须遵循工步与工步之间有激活条件、激活条件与激活条件之间有工步、工步的右侧有被控电器、工步与激活条件之间有流向线的原则。工步、激活条件、流向线和被控电器是构成流程图的要素。

2）绘制步进图的要点

由于 PLC 编译软件无法识读流程图，因此也就无法把流程图下载到 PLC 中。为了解决这个问题，也为了便于把流程图转换成梯形图程序，可以把流程图转换成步进图，示例如图 4-39 所示。

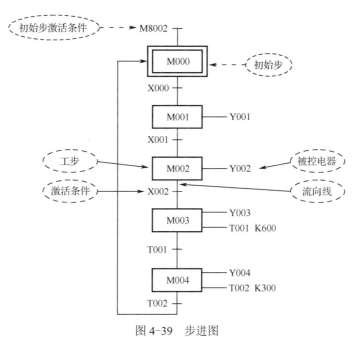

图 4-39　步进图

把流程图转换成步进图的要点是：用标有 M 系列（或 S 系列）辅助存储器编号的方形框替换流程图中的"工步"，用标有存储器触点编号的短横线替换流程图中的"激活条件"，用 Y 系列（T 系列和 C 系列）存储器的编号替换流程图中的"被控电器"，仍用垂直线段替换流程图中的"流向线"。

常见的步进图结构形式有单线结构、自复位结构、全循环结构、部分循环结构、跳步结构、单选结构和全选结构，但是实际工业生产中控制系统的步进图属于单一结构的情况是很少的，绝大多数的情况下都是一些非常复杂的混合结构。而这些混合结构的形式又是多种多样、复杂多变的，更没有一个现成的模板可供套用，这就给人们绘制步进图的工作带来了很大的困难。尽管混合结构的步进图复杂多变，但人们总能把它分解成几种单一结构。在实际工作中，人们会用常见的步进图模板进行合理的组合，以拼装出多种多样且复杂多变的混合结构步进图。

3）绘制梯形图程序的要点

步进图其实也是 PLC 的一种编程语言（SFC），在 GX Developer 编译软件上可以直接下

载到 PLC 中。但当学生还未学会在 GX Developer 编译软件上绘制步进图时，或者在使用 FXGPWIN 编译软件时，就必须把步进图转换成梯形图程序了。

把步进图转换成梯形图程序的方法有启-保-停电路法、置位复位电路法、步进电路法、移位电路法，但人们经过仔细比较后发现置位复位电路法具有如下优点。

（1）国内外任何一种 PLC 的编程语言中，都有置位和复位指令。所以，置位复位电路法在任何一种 PLC 上都可以使用，通用性极强。

（2）置位复位电路法把梯形图程序的设计分成步进控制和输出控制，不但只用一个电路块便完成了指定激活条件、退出当前工步和进入后续步的工作，轻松地实现了步进控制，而且用步进触点来集中控制被控电器，有效地避免了线圈重复使用的问题。因此，使用置位复位电路法绘制出的程序标准规范、层次清晰，便于阅读和理解、又不会出错。

（3）无论步进图的结构多么复杂，置位复位电路法总是用一个电路块来解决每一步，并且每一个电路块的结构形式几乎是相同的，特别具有规律性。所以，置位复位电路法非常简单，学生短时间内就能掌握。

（4）置位复位电路法在设计每一个电路块时，只需考虑本电路块应退出的是哪一当前工步、应进入的是哪一后续步、退出进入的所需条件是什么就行了，而无须考虑本步之外的自锁、互锁、联锁等复杂问题。因此，学生在编程时思路清晰，可从容应对复杂控制系统的编程。

（5）置位复位电路法设计出的程序最简洁，占用的程序步最少，这对于大型复杂的控制系统来说是十分宝贵的，同时也有利于提高输出响应输入的速度。

考虑到置位复位电路法具备的这些优点，初学者可在使用步进图设计法设计梯形图程序时，首选置位复位电路法。

3. 步进图模板和梯形图模板

人们在使用步进图设计法中的置位复位电路法设计梯形图程序时，可以直接套用步进图模板和梯形图模板。学生在套用步进图模板和梯形图模板时应注意以下事项。

（1）中间存储器 M×××都是用来表示步进图中的某一工步的。其中，M000 表示步进部分的初始步，M001 表示步进部分的第 1 工步，M002 表示步进部分的第 2 工步，…，Mn-1 表示步进部分最后一步的前一步，Mn 表示步进部分的最后一个工步。而在单选结构和全选结构步进图中，M000 则表示步进部分的初始步也就是分支开始前的一步，Mn 则表示分支部分的最后一个工步，Mm 则表示分支结束后即分支合并后的一步。

（2）初始步的激活条件通常使用 M8002，也可用启动开关等来代替。

（3）Mn+1 是虚设的一步，专门用来结束步进程序并转入步进程序后面的普通程序。

（4）单选结构最多允许有 8 个分支，全选结构最多也只允许有 8 个分支。

（5）单选结构只允许选中所有分支中的 1 个分支，即不允许有 2 个或 2 个以上分支同时被选中；全选结构必须将所有的分支同时选中，即不允许只选中其中的 1 个或部分分支。

下面将介绍单线结构、自复位结构、全循环结构、部分循环结构、跳步结构、单选结构和全选结构的步进图模板和梯形图模板。

1）单线结构的步进图模板和梯形图模板

单线结构的步进图模板和梯形图模板如图 4-40 所示。

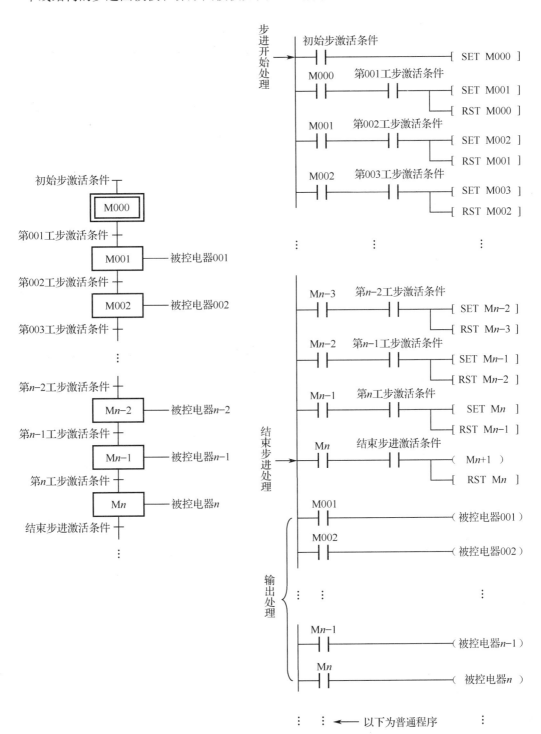

图 4-40　单线结构的步进图模板和梯形图模板

2）自复位结构的步进图模板和梯形图模板

自复位结构的步进图模板和梯形图模板如图 4-41 所示。

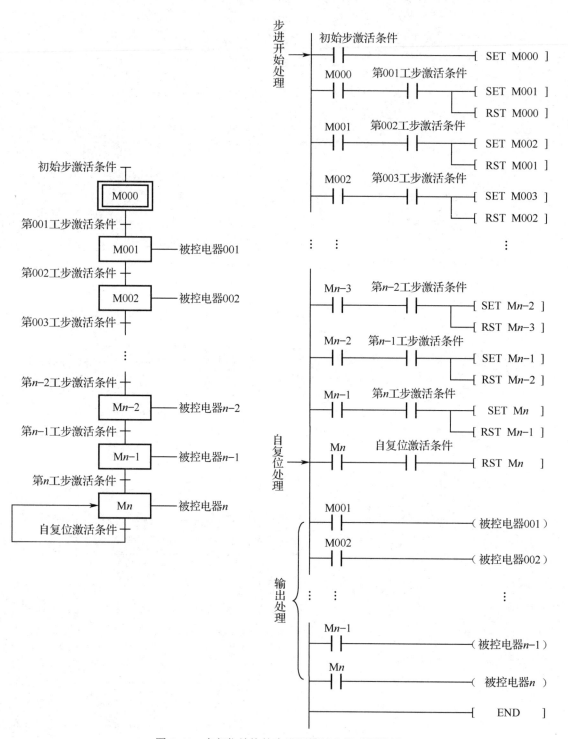

图 4-41　自复位结构的步进图模板和梯形图模板

3）全循环结构的步进图模板和梯形图模板

全循环结构的步进图模板和梯形图模板如图 4-42 所示。

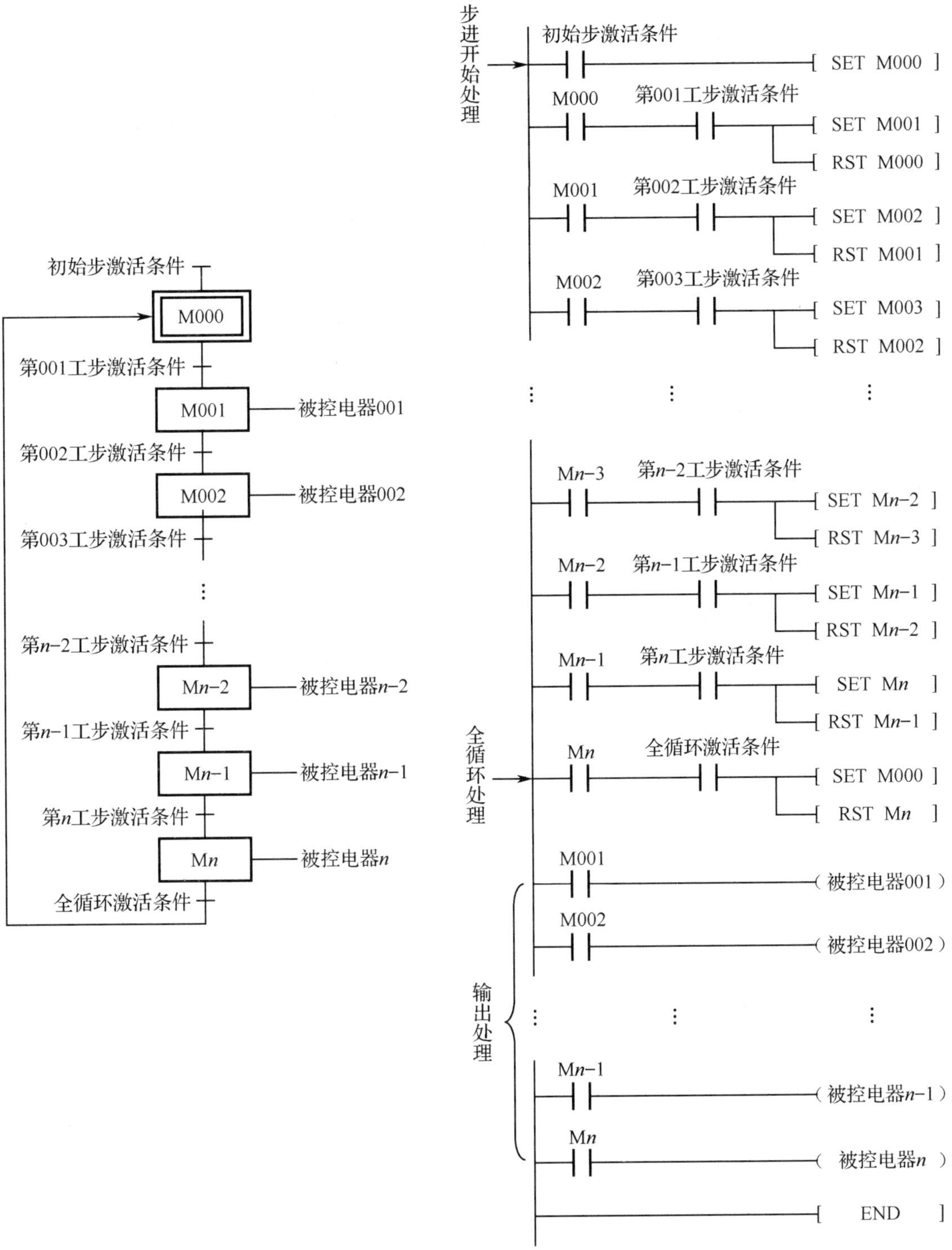

图 4-42 全循环结构的步进图模板和梯形图模板

4）部分循环结构的步进图模板和梯形图模板

部分循环结构的步进图模板和梯形图模板如图 4-43 所示。

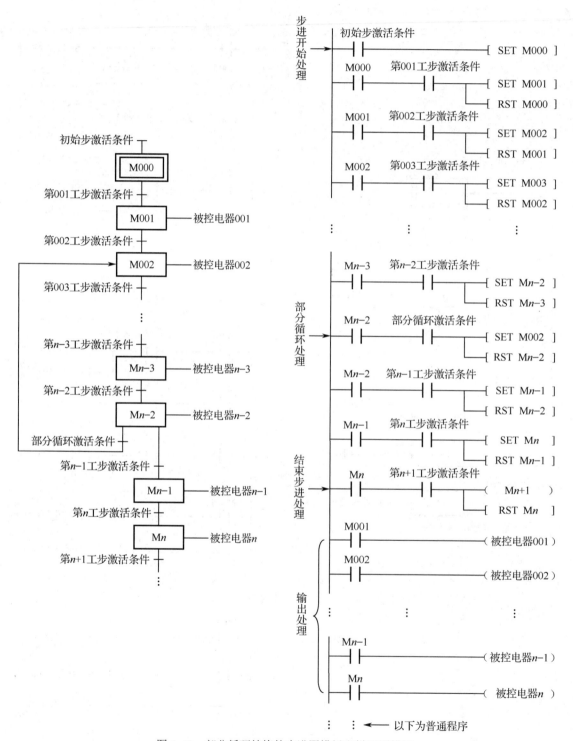

图 4-43　部分循环结构的步进图模板和梯形图模板

5）跳步结构的步进图模板和梯形图模板

跳步结构的步进图模板和梯形图模板如图4-44所示。

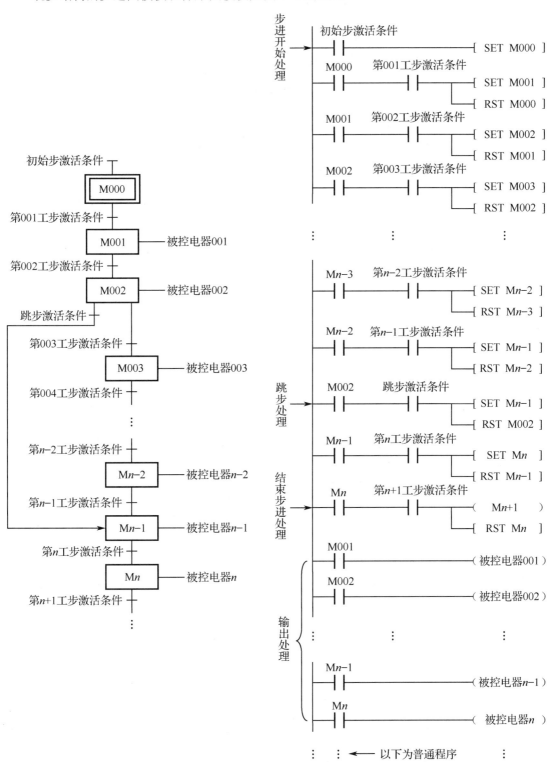

图4-44 跳步结构的步进图模板和梯形图模板

6）单选结构的步进图模板和梯形图模板

单选结构的步进图模板如图 4-45 所示。

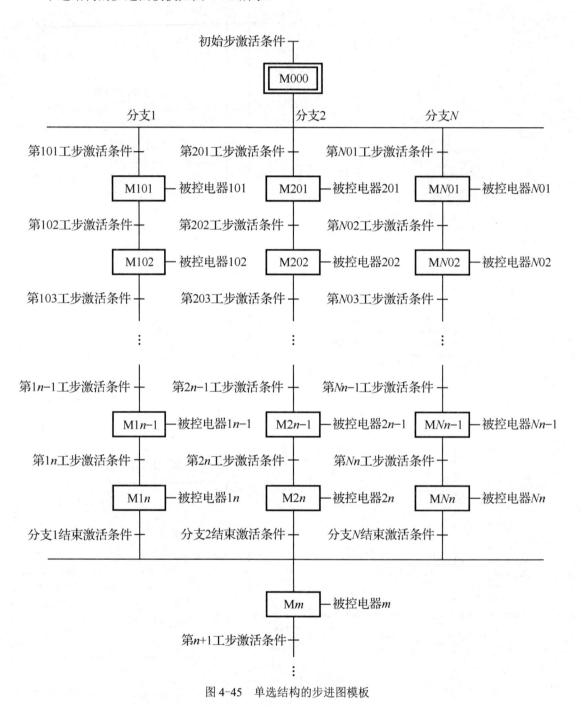

图 4-45　单选结构的步进图模板

单选结构的梯形图模板如图 4-46 所示。

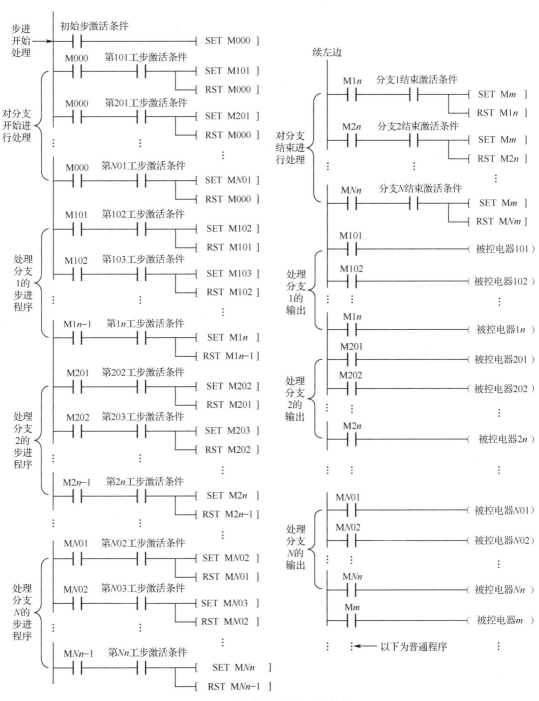

图 4-46　单选结构的梯形图模板

7）全选结构的步进图模板和梯形图模板

全选结构的步进图模板如图 4-47 所示。

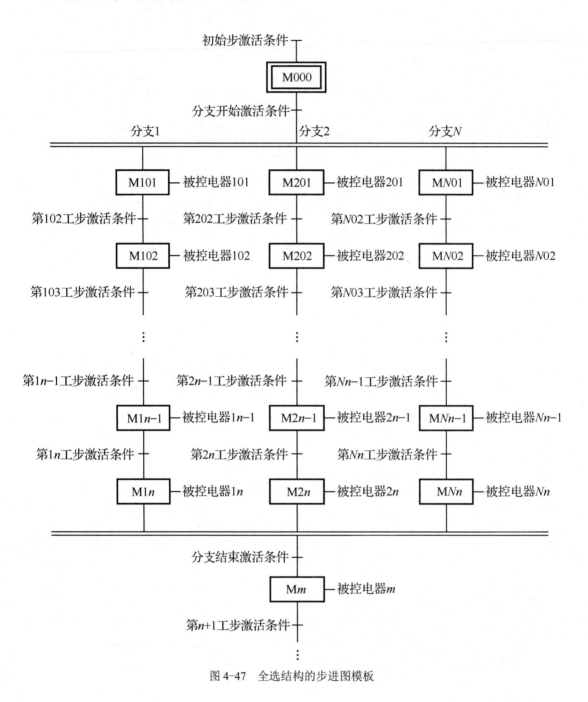

图 4-47　全选结构的步进图模板

全选结构的梯形图模板如图 4-48 所示。

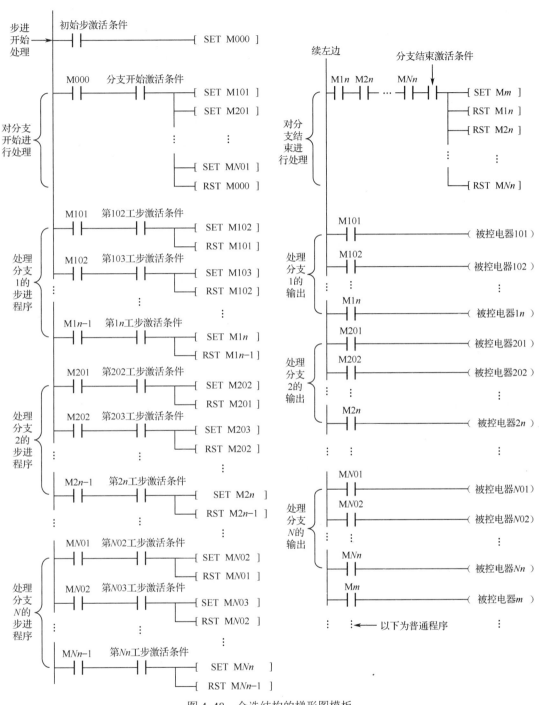

图 4-48　全选结构的梯形图模板

4.6.4　任务实施

1. 器材准备

（1）绘图专用纸数张。

（2）绘图工具 1 套。

2. 训练步骤

试用步进图设计法设计咖啡自动售卖机控制系统的梯形图程序，具体控制要求：接通电源后系统进入初始等待状态，此时"请投入 2 个 1 元硬币"面板照明灯亮，投币口敞开，等顾客投入 2 个 1 元硬币后，投币口关闭，顾客根据自己的习惯选择不加糖、加 1 份糖还是加 2 份糖，糖加好后，咖啡粉、牛奶和热水这 3 种原料同时自动地加入冲调杯中，当这 3 种原料都按规定量加好后，冲调杯阀门自动打开，咖啡被放到冲调杯内，放完后，"请取走您的咖啡" 面板照明灯亮，同时蜂鸣器发出提示音，顾客取走冲调杯后，系统返回初始等待状态，等待下一顾客投币。

咖啡自动售卖机的糖、咖啡粉、牛奶、热水都是通过电磁阀进行投放的，冲调好的咖啡也是通过电磁阀进行排放的，各自的流量大小都是事先调整好的。因此，该系统只能通过控制放料时间的方法来实现原料的定量投放。实验后得知，咖啡粉投放 1 s、牛奶投放 1 s、热水投放 3 s、糖投放 1 s（1 份）或 2 s（2 份），即可冲调出一份优质的咖啡。一份咖啡完全排放完需要 5 s。

从上述控制要求可看出，该控制系统的工艺过程是：等待投币→选择加糖量→加糖→同步加料→放出咖啡→取走冲调杯→进入下一循环。

从工艺过程很容易看出，该控制系统有着明显的按动作先后顺序进行步进控制的特征，因此用步进图设计法来设计该控制系统的梯形图程序特别合适。

用步进图设计法设计该控制系统梯形图程序的具体步骤如下。

1）绘制流程图

由于已经有了步进图模板，故可省去绘制流程图这一步，只需搭出流程图框架即可。

（1）控制要求中明确要求允许顾客在不加糖、加 1 份糖和加 2 份糖的加糖量中单选一种，显然这个要求符合单选结构的特征，所以该流程图中应有单选结构。

（2）控制要求中明确要求咖啡粉、牛奶、热水同时加入冲调杯中，并且要求这些原料都加好后才能放出咖啡，显然这个要求符合全选结构的特征，所以该流程图中应有全选结构。

（3）控制要求中明确要求冲调杯端走后系统返回初始等待状态，显然这个要求符合全循环结构的特征，所以该流程图中应有全循环结构。

通过以上分析可得，咖啡自动售卖机控制系统的流程图是一个以全循环结构为主结构，循环结构中插有单选结构和全选结构的混合结构流程图。试搭出的流程图框架如图 4-49 所示。

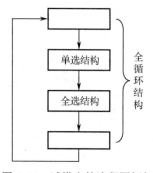

图 4-49　试搭出的流程图框架

2）绘制步进图

（1）拼装步进图模板。

把单选结构的步进图模板和全选结构的步进图模板插入全循环结构的步进图模板中，具体操作如下。

① 从工艺过程来看，加糖是第 3 道工艺，所以应把单选结构步进图模板插在全循环结构步进图模板的 M002 工步。

从控制要求来看，加糖工艺仅有不加、加 1 份和加 2 份，换句话说，这里只有 3 种选择，所以单选结构步进图模板中只需分支 1、分支 2 和分支 3 就行了。

加糖工艺并不复杂，一个工步就能完成。因此，在单选结构步进图模板中，分支 1 只需 M101 工步、分支 2 只需 M201 工步、分支 3 只需 M301 工步。

另外，单选结构步进图模板中的 M000 工步和 Mm 工步可以由全循环结构步进图模板中的 M001 工步和 M003 工步来取代。

② 从工艺过程来看，加咖啡粉、牛奶、热水是第 4 道工艺，所以应把全选结构步进图模板插在全循环结构步进图模板的 M003 工步，但 M003 工步刚才已被占用，只能插在全循环结构步进图模板的 M004 工步。

从控制要求来看，同步加料工艺仅有咖啡粉、牛奶和热水，所以全选结构的步进图模板中只需分支 1、分支 2 和分支 3 即可。

同步加料工艺也不复杂，一个工步就能完成了。因此，在全选结构的步进图模板中，分支 1 只需 M101 工步、分支 2 只需 M201 工步、分支 3 只需 M301 工步。

另外，全选结构步进图模板中的 M000 工步和 Mm 工步可以由全循环结构步进图模板中的 M003 工步和 M005 工步来取代。

③ 从工艺过程来看，同步加料工艺后面有放出咖啡和取走冲调杯工艺，这些工艺完成后便转入下一循环了。因此，在全循环结构的步进图模板中，到 M006 工步便应转入下一循环（再次进入 M000 工步），显然，全循环结构的步进图模板中 M007 工步及其之后的工步在这里就应取消了。

通过这样的拼装，咖啡自动售卖机控制系统的步进图模板就试绘出来了，如图 4-50 所示。

（2）完善步进图模板。

在图 4-50 所示的步进图模板中，有 2 个 M101 工步、2 个 M201 工步、2 个 M301 工步、2 个被控电器 101、2 个被控电器 201、2 个被控电器 301，这很容易造成混乱，因此该模板有待进一步完善。

① 由于单选结构步进图模板在图 4-50 中处于第 002 工步，因此可以把单选部分的 M101、M201 和 M301 工步更改成 M201、M202 和 M203 工步，相应地把单选部分的被控电器 101、被控电器 201 和被控电器 301 更改成被控电器 201、被控电器 202 和被控电器 203，同时把单选部分的第 101 工步激活条件、第 201 工步激活条件和第 301 工步激活条件更改成第 201 工步激活条件、第 202 工步激活条件和第 203 工步激活条件。

② 由于全选结构步进图模板在图 4-50 中处于第 004 工步，因此可以把全选部分的 M101、M201 和 M301 工步更改成 M401、M402 和 M403 工步，相应地把全选部分的被控电器 101、被控电器 201 和被控电器 301 更改成被控电器 401、被控电器 402 和被控电器 403。

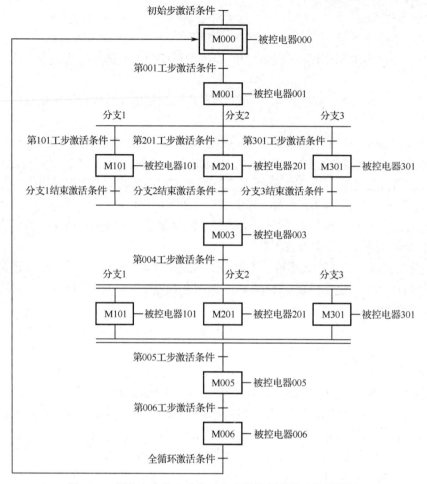

图 4-50　拼装出来的咖啡自动售卖机控制系统步进图模板

完善后的咖啡自动售卖机控制系统步进图模板如图 4-51 所示。

（3）绘制步进图。

有了步进图模板，就可以绘制步进图了。

① 明确各工步被控电器的种类，即明确各工步分别控制哪些电器。

根据控制要求，得出各工步被控电器的种类如下。

被控电器 000："请投入 2 个 1 元硬币"面板照明灯亮，投币门电磁铁得电，计数器通过光电开关对投币数量计数。

被控电器 001："请选择加糖"面板照明灯亮，复位计数器。

被控电器 201：选择不加糖，故无被控电器。

被控电器 202：加糖电磁阀得电，加糖定时器 1 定时 1 s（加 1 份糖）。

被控电器 203：加糖电磁阀得电，加糖定时器 2 定时 2 s（加 2 份糖）。

被控电器 003：此步仅作为转换步，故无被控电器。

被控电器 401：加咖啡粉电磁阀得电，加咖啡粉定时器定时 1 s。

被控电器 402：加牛奶电磁阀得电，加牛奶定时器定时 1 s。

被控电器 403：加热水电磁阀得电，加热水定时器定时 3 s。

被控电器 005：放咖啡电磁阀得电，放咖啡定时器定时 5 s。

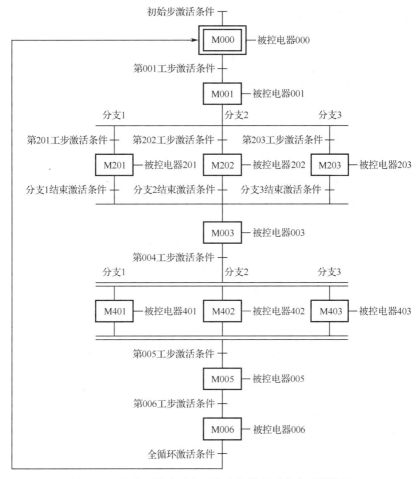

图 4-51　完善后的咖啡自动售卖机控制系统步进图模板

被控电器 006："请取走您的咖啡"面板照明灯亮，蜂鸣器得电。

② 确定各工步的激活条件。

结合控制要求分析各工步被控电器的种类，可以得出以下结论。

只有计数器计到设置的规定值 2 时，控制系统才从初始步转入第 001 工步，因此转入第 001 工步的激活条件是计数器的动合触点闭合。

只有在对加糖量进行了选择后，控制系统才从第 001 工步转入第 201 工步、第 202 工步和第 203 工步中的某一个工步，因此转入第 201 工步的激活条件是加糖选择开关（不加）的动合触点闭合，转入第 202 工步的激活条件是加糖选择开关（1 份）的动合触点闭合，转入第 203 工步的激活条件是加糖选择开关（2 份）的动合触点闭合。

只有在加糖完成后，控制系统才从第 201 工步、第 202 工步和第 203 工步中的某一个工步转入第 003 工步，因此分支 1 结束激活条件是加糖选择开关（不加）的动断触点闭合，分支 2 结束激活条件是加糖定时器 1 的动合触点闭合，分支 3 结束激活条件是加糖定时器 2 的动合触点闭合。

第 003 工步仅是一个转换步，可利用其自身动合触点作为转入下一工步的激活条件，因此转入第 004 工步的激活条件是第 003 工步的中间存储器的动合触点闭合。

只有在咖啡粉、牛奶、热水都投放完成后，控制系统才从第 004 工步转入第 005 工步，

因此转入第 005 工步的激活条件是加咖啡粉定时器的动合触点、加牛奶定时器的动合触点和加热水定时器的动合触点都闭合。

只有在咖啡全部放进冲调杯中时，控制系统才从第 005 工步转入第 006 工步，因此转入第 006 工步的激活条件是放咖啡定时器的动合触点闭合。

只有在冲调杯端走使压力开关闭合时，控制系统才从第 006 工步返回初始步，因此全循环激活条件是压力开关的动合触点闭合。另外，为了使控制系统开机后便进入初始步，必须用 M8002 的动合触点闭合来作为进入初始步的激活条件。

③ 确认主令电器和被控电器。

从各工步被控电器的种类及激活条件中可以得出以下内容。

该控制系统中的主令电器有投币计数器光电开关 GK，加糖选择开关（不加）SB1、（加 1 份）SB2、（加 2 份）SB3，压力开关 SB4。

该控制系统中的被控电器有投币门电磁铁 YA、"请投入 2 个 1 元硬币"面板照明灯 HL1、"请选择加糖"面板照明灯 HL2、"请取走您的咖啡"面板照明灯 HL3、加糖电磁阀 KM1、加咖啡粉电磁阀 KM2、加牛奶电磁阀 KM3、加热水电磁阀 KM4、放咖啡电磁阀 KM5、蜂鸣器 HA。

④ 分配 PLC 存储器。

把 GK、SB1、SB2、SB3、SB4 依次分配给 PLC 的输入存储器 X000～X004，把 YA、HL1、HL2、HL3、KM1、KM2、KM3、KM4、KM5、HA 依次分配给 PLC 的输出存储器 Y000～Y007、Y010 和 Y011，控制加糖 1、加糖 2、加咖啡粉、加牛奶、加热水、放咖啡使用的定时器则依次使用 T001～T006，投币计数器使用 C000。

咖啡自动售卖机 PLC 存储器分配表如表 4-12 所示。

表 4-12　咖啡自动售卖机 PLC 存储器分配表

名　　称	代　号	存储器编号
投币计数器光电开关	GK	X000
加糖选择开关（不加）	SB1	X001
加糖选择开关（加 1 份）	SB2	X002
加糖选择开关（加 2 份）	SB3	X003
压力开关	SB4	X004
投币门电磁铁	YA	Y000
"请投入 2 个 1 元硬币"面板照明灯	HL1	Y001
"请选择加糖"面板照明灯	HL2	Y002
"请取走您的咖啡"面板照明灯	HL3	Y003
加糖电磁阀	KM1	Y004
加咖啡粉电磁阀	KM2	Y005
加牛奶电磁阀	KM3	Y006
加热水电磁阀	KM4	Y007
放咖啡电磁阀	KM5	Y010
蜂鸣器	HA	Y011

续表

名　　称	代　号	存储器编号
加糖定时器 1		T001
加糖定时器 2		T002
加咖啡粉定时器		T003
加牛奶定时器		T004
加热水定时器		T005
放咖啡定时器		T006
投币计数器		C000

⑤ 用相应存储器编号代换各工步的被控电器和激活条件。

把各工步的被控电器种类与表 4-12 中存储器进行对照,并用相应存储器编号代换图 4-51 中相应的被控电器,如用 Y001、Y000 和由 X000 控制的 C000 代换被控电器 001。

把各工步的激活条件与表 4-12 中的存储器进行对照,并用相应存储器编号代换图 4-51 中相应的激活条件,如用 T003·T004·T005 代换第 005 工步激活条件。

到此,咖啡自动售卖机控制系统的步进图便完全画好了,如图 4-52 所示。

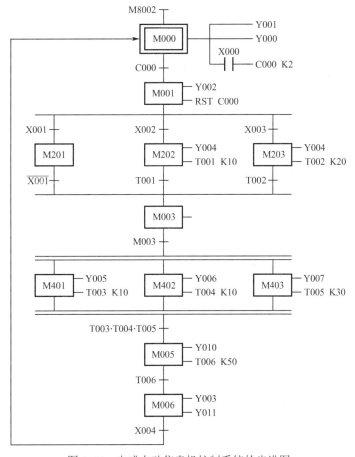

图 4-52　咖啡自动售卖机控制系统的步进图

3）绘制梯形图程序

步进图绘制完成后，把步进图转换成梯形图程序是比较简单的。

在图 4-52 中，M000、M001、M003、M005、M006 工步需按照全循环结构的梯形图模板来绘制梯形图程序，M201、M202、M203 工步需按照单选结构的梯形图模板来绘制梯形图程序，M401、M402、M403 工步需按照全选结构的梯形图模板来绘制梯形图程序。最后得到的咖啡自动售卖机控制系统的梯形图程序如图 4-53 所示。

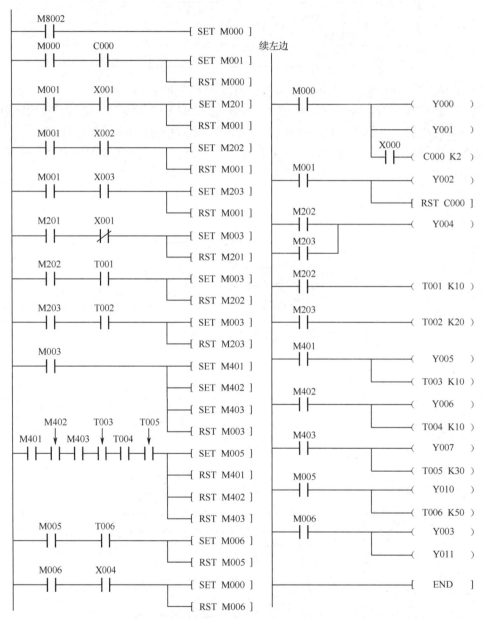

图 4-53　最后得到的咖啡自动售卖机控制系统的梯形图程序

4）用步进图设计法设计梯形图程序的相关问题及处理

（1）重复线圈的处理。

用步进图设计法设计梯形图程序时可将其分为步进控制和输出控制 2 部分来设计，由

于在步进控制设计中，某些被控电器会重复受到控制，这样在输出控制设计部分就不可避免地会出现重复线圈问题。

这里所说的"重复线圈"是指"双线圈"。由于"双线圈"是指"2 个分开的相同编号的线圈"还是"2 个并联的不同编号的线圈"，让人不能分辨，因此本书中把"双线圈"改称为"重复线圈"。

在用步进图设计法设计梯形图程序时出现重复线圈问题往往容易被人忽视，原因是有人会错误地认为步进控制中步与步之间的输出没有联系，只要这一步成为工作步，该步的被控电器就一定会被接通，可事实却并不是这样的。

此处以图 4-53 所示的咖啡自动售卖机控制系统的梯形图程序为例来说明步进图设计法中重复线圈的处理方法。

若按照一般的思维方法设计图 4-53 所示的梯形图程序，则其第 15 行逻辑行和第 16 行逻辑行一定如图 4-54（a）所示。由于 PLC 在程序处理阶段是按照从上到下的顺序对每一行逻辑行电路进行运算的，假设这时 M202 闭合/M203 断开，这样第 15 行逻辑行的运算结果应是 Y004=1，镜像寄存器 Y004 的信号状态被改写为 1，第 16 行逻辑行的运算结果则是 Y004=0，镜像寄存器 Y004 的信号状态又被改写为 0，于是在 PLC 进入输出处理阶段时，镜像寄存器 Y004 是把 0 送给输出存储器 Y004 的，输出存储器 Y004 是失电的，这就造成了 M202 闭合而 Y004 却不能得电的错误结果，所以图 4-54（a）所示的梯形图程序是一个错误的程序。

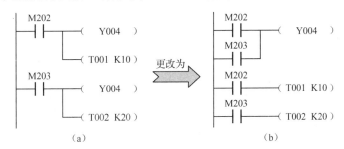

图 4-54　重复线圈的处理

如果把图 4-54（a）改成图 4-54（b），对重复线圈 Y004 进行合并处理，这个错误就不存在了，无论 M202 闭合/M203 断开或者 M202 断开/M203 闭合，Y004 都会被接通而得电。

在这里特别提醒，在用步进图设计法设计梯形图程序时，如果出现重复线圈问题，一定要对重复线圈进行合并处理。

（2）循环次数的处理。

在部分循环结构的步进图中，若部分循环激活条件一直满足，则部分循环将一直持续循环下去。如果人们对部分循环的次数有一定要求的话，那该怎么办呢？

当人们对部分循环的次数有要求时，处理方法如图 4-55 所示。首先在部分循环最后工步（图 4-55 中被控电器 n-2 对应的工步）的输出上接入一个计数器 C001（其计数值为要求的循环次数），利用 Mn-2 的通断作为 C001 的计数脉冲，然后在循环后的第 1 工步（图 4-55 中被控电器 n-1 对应的工步）对该计数器进行复位，最后把计数器的动断触点和部分循环激活条件相与，并把计数器的动合触点和第 n-1 工步激活条件相与，这样当计数器未计到设置的计数值时，动断触点 C001 继续闭合，部分循环仍然进行，一旦计数器计到设置的计数值，动断触点 C001 断开，部分循环停止，动合触点 C001 闭合，进入被控电器 n-1 对应的工步，于是就达到了控制循环次数的目的。

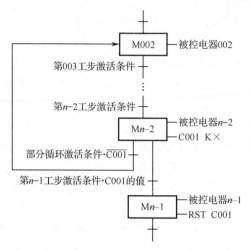

图 4-55 循环次数的处理

3. 训练总结

通过本次训练，学生不仅掌握了在用步进图设计法设计梯形图程序时，如何绘制步进图及将步进图转换成梯形图，还掌握了如何拼装出复杂的流程图框架，以及用步进图设计法设计梯形图程序的步骤和要点。

自测习题 4.6

（1）学生使用步进图设计法设计梯形图程序的关键是：会绘制_____；会把流程图转换成步进图，尤其是要会_____；会_____。

（2）绘制流程图的要点是：必须符合工艺过程和控制要求，必须遵循工步与工步之间有_____、激活条件与激活条件之间有_____、工步的右侧有_____、工步与激活条件之间有_____的原则。

（3）把流程图转换成步进图的要点是：用标有_____替换流程图中的"工步"，用标有_____替换流程图中的"激活条件"，用_____替换流程图中的"被控电器"，仍用_____替换流程图中的"流向线"。

（4）常见的步进图结构形式有_____结构、_____结构、_____结构、_____结构、_____结构、_____结构和_____结构。

（5）用步进图设计法设计梯形图程序的步骤是怎样的？

（6）步进图设计法适用于哪种场合？

（7）试用步进图设计法设计出某汽车清洗机控制系统的梯形图程序，具体控制要求：按下启动开关后，清洗机电动机正转带动清洗机前进，当车辆检测器检测到有汽车时，检测器开关闭合，此时喷淋器电磁阀得电，打开阀门淋水，同时刷子电动机运转进行清洗；当清洗机前进到终点使终点限位开关闭合时，喷淋器电磁阀和刷子电动机均断电，清洗机电动机则反转带动清洗机后退；当清洗机后退到原点使原点限位开关闭合时，清洗机电动机停转，等待下一次启动。

（8）试用步进图设计法设计出某步进电动机控制系统的梯形图程序，具体控制要求：步进电动机有 A、B、C、D 绕组，按下启动开关后，要求通电顺序为：A 组 1 s→A 组加 B 组 0.5 s→B 组 1 s→B 组加 C 组 0.5 s→C 组 1 s→C 组加 D 组 0.5 s→D 组 1 s→D 组加 A 组 0.5 s

→从头开始循环，直到按下停止开关为止。

（9）试用步进图设计法设计出某粮食烘干机控制系统的梯形图程序，具体控制要求：按下启动开关→出料口关门电磁阀和进料口开门电磁阀得电→满仓检测开关闭合时，进料口关门电磁阀得电，同时启动湿度检测仪→若 13%湿度开关闭合/15%湿度开关和 17%湿度开关断开，则启动电加热器和定时器 1，1 h 后电风扇和出料口开门电磁阀得电；若 13%湿度开关和 15%湿度开关闭合/17%湿度开关断开，则启动电加热器和定时器 2，2 h 后电风扇和出料口开门电磁阀得电；若 13%湿度开关和 15%湿度开关及 17%湿度开关均闭合，则启动电加热器和定时器 3，3 h 后电风扇和出料口开门电磁阀得电→空仓检测开关闭合时，出料口关门电磁阀和进料口开门电磁阀又得电，进入下一循环，直到按下停止开关为止。

任务 4.7　学习梯形图程序的经验设计法

4.7.1　任务内容

（1）了解用经验设计法设计梯形图程序的步骤和要点。
（2）用经验设计法分别设计 2 台电动机关联控制系统和 5 人抢答器控制系统的梯形图程序。

4.7.2　任务分析

在进行梯形图程序设计时，如果碰到控制功能比较简单的控制系统，使用经验设计法设计梯形图程序是最合适的。因此，设置本任务的目的是，使学生通过设计 2 台电动机关联控制系统和 5 人抢答器梯形图程序，掌握用经验设计法设计梯形图程序的步骤和要点。

4.7.3　相关知识

经验设计法是指学生把平时程序设计工作中搜集的工业控制系统程序或者生产中常用的典型控制环节程序段，凭自己的编程经验进行重新组合、修改或补充后，应用到新的设计项目上的一种编程方法。

用经验设计法设计梯形图程序的一般步骤如下。
（1）确认主令电器和被控电器。
（2）分配 PLC 存储器。
（3）试绘制梯形图程序。
（4）完善梯形图程序。

4.7.4　任务实施

1. 器材准备

（1）绘图专用纸数张。
（2）绘图工具 1 套。

2. 训练步骤

1）设计 2 台电动机关联控制系统的梯形图程序

2 台电动机关联控制系统的具体控制要求：当按下启动开关 SB1 时，电动机甲运转工作；电动机甲启动 10 s 后，电动机乙运转工作；当按下停止开关 SB2 时，2 台电动机均停转；

若电动机甲过载，则 2 台电动机均停机；若电动机乙过载，则电动机乙停机，而电动机甲不停机。

（1）确认主令电器和被控电器。

回顾过去的编程情况可以知道，电动机的启动与停止，一般都是通过接触器来控制的。而电动机的过载保护一般都使用过热保护继电器。因此，该控制系统的主令电器应该有电动机甲启动开关 SB1、总停止开关 SB2、电动机甲过热保护继电器 FR1 触头、电动机乙过热保护继电器 FR2 触头；被控电器应该有电动机甲接触器 KM1 线圈、电动机乙接触器 KM2 线圈。

（2）分配 PLC 存储器。

把 SB1、SB2、FR1、FR2 依次分配给 PLC 的输入存储器 X001、X002、X003、X004；把 KM1、KM2 依次分配给 PLC 的输出存储器 Y001、Y002。由于该控制系统有一个延时启动要求，因此其还应使用一个通电延时型定时器 T000。

（3）试绘制梯形图程序。

① 该控制系统的输出有 Y001 和 Y002，还有一个定时器 T000，同时考虑到电动机甲启动后定时器才开始定时，定时时间达到定时器定时值时电动机乙才运转，故其梯形图程序应该有 3 行逻辑行。其中，第 1 行逻辑行控制 Y001，第 2 行逻辑行控制 T000，第 3 行逻辑行控制 Y002。

② 电动机的启动与停止可以直接套用典型的启-保-停电路程序段，如图 4-56 所示。不过要注意：Y001 的启动条件是 X001 闭合，Y002 的启动条件是 T000 闭合，T000 的控制条件是 Y001 闭合，且定时值为 10÷0.1=100。

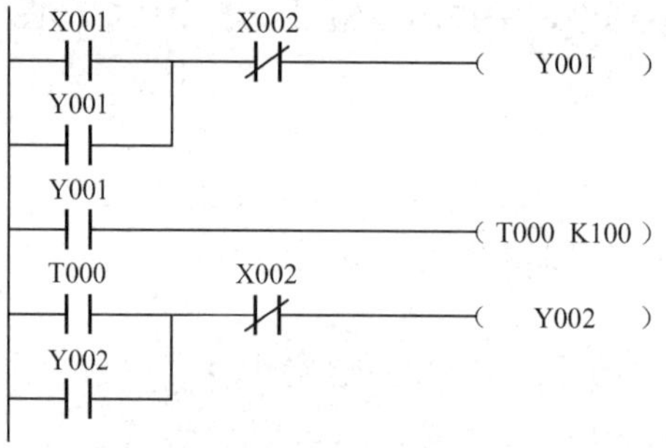

图 4-56　套用典型的启-保-停电路程序段

③ 控制要求规定若电动机甲过载，则 2 台电动机均应停机，故应把 X003 分别串接在 Y001 和 Y002 的控制电路中，如图 4-57 所示。

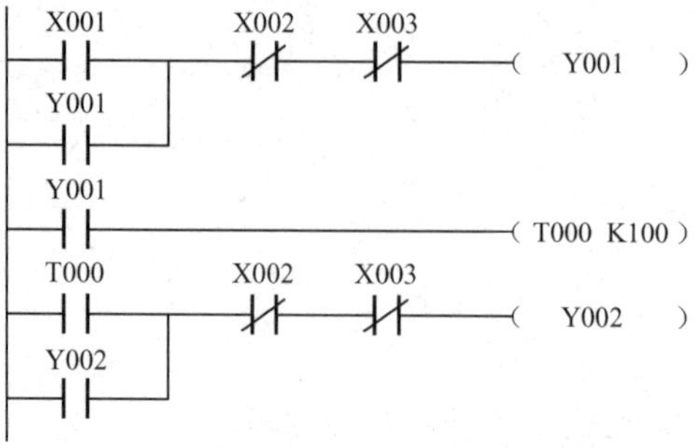

图 4-57　解决电动机甲过载保护问题

④ 控制要求规定若电动机乙过载，则电动机乙停机而电动机甲不停机，故 X004 应串接在 Y002 的控制电路中，如图 4-58 所示。

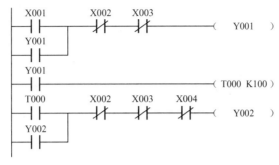

图 4-58　解决电动机乙过载保护问题

（4）完善梯形图程序。

根据梯形图程序的绘制规则，应该在主程序的最后加上 END 指令符号。

最终得到的 2 台电动机关联控制系统的梯形图程序如图 4-59 所示。

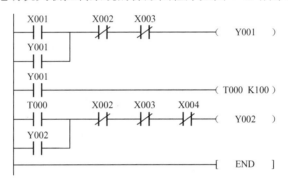

图 4-59　最终得到的 2 台电动机关联控制系统的梯形图程序

2）设计 5 人抢答器控制系统的梯形图程序

5 人抢答器控制系统的控制要求是：抢答开关是不带自锁的按钮开关，当任一人抢先按下其面前的抢答开关时，数码管立即显示出此人的编号并使蜂鸣器发出提示音，同时联锁其他 4 路抢答开关，使其他抢答开关无效；抢答器设有总复位开关，只有提问者按下复位开关后，才能进行下一轮的抢答。

（1）确认主令电器和被控电器。

分析控制要求后可知：5 人抢答器控制系统的主令电器应有复位开关 SB0 和抢答开关 SB1、SB2、SB3、SB4、SB5；被控电器应有蜂鸣器 HA 和数码管的笔画段 a、b、c、d、e、f、g。

（2）分配 PLC 存储器。

把 SB0、SB1、SB2、SB3、SB4、SB5 依次分配给 PLC 的输入存储器 X000、X001、X002、X003、X004、X005，把 HA、a、b、c、d、e、f、g 依次分配给 PLC 的输出存储器 Y000、Y001、Y002、Y003、Y004、Y005、Y006、Y007。

（3）试绘制梯形图程序。

某种设计好的抢答器梯形图程序如图 4-60 所示，学生可拿来使用。但这个梯形图程序的有些地方不太符合本例的设计要求，故学生需要对其进行修改和补充。

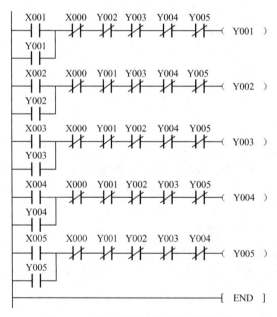

图 4-60　某种设计好的抢答器梯形图程序

图 4-60 所示的程序只能实现 4 路抢答，对于 5 路抢答，必须再增加一行逻辑行。在新增加的逻辑行中，抢答由动合触点 X005 控制，自锁由动合触点 Y005 与动合触点 X005 并联实现，互锁则由串入另外 4 路输出存储器的动断触点 Y001、Y002、Y003、Y004 实现；另外，由于增加了一路抢答，故需要在另外 4 行逻辑行中串入第 5 路输出存储器的动断触点 Y005 进行互锁。补充后的抢答器梯形图程序如图 4-61 所示。

图 4-61　补充后的抢答器梯形图程序

图 4-61 所示的程序为了显示出抢答成功者的编号，它把 1 号抢答信号送给 Y001、2 号抢答信号送给 Y002、3 号抢答信号送给 Y003、4 号抢答信号送给 Y004、5 号抢答信号送给 Y005。而现在要改用数码管显示抢答成功者的编号，则 1 号抢答信号要送给 b、c 笔画段、2 号抢答信号要送给 a、b、d、e、g 笔画段、3 号抢答信号要送给 a、b、c、d、g 笔画段、4 号抢答信号要送给 b、c、f、g 笔画段、5 号抢答信号要送给 a、c、d、f、g 笔画段。由此不难

看出，a 笔画段要同时受 2、3、5 号抢答信号控制，而 b 笔画段要同时受 1、2、3、4 号抢答信号的控制，c 笔画段要同时受 1、3、4、5 号抢答信号的控制，d 笔画段要同时受 2、3、5 号抢答信号的控制，e 笔画段只受 2 号抢答信号的控制，f 笔画段要同时受 4、5 号抢答信号的控制，g 笔画段要同时受 2、3、4、5 号抢答信号的控制。如果不把 1～5 号抢答信号送给 Y001～Y005，而是把 1～5 号抢答信号先送给 M001～M005 这 5 个线圈，然后用这 5 个线圈的动合触点（表示 1～5 号抢答信号）按各笔画段的受控要求进行组合后作为控制条件，去分别控制 a～g 笔画段，这样就可以用数码管显示出抢答成功者的编号了。变换显示方式后的抢答器梯形图程序如图 4-62 所示。

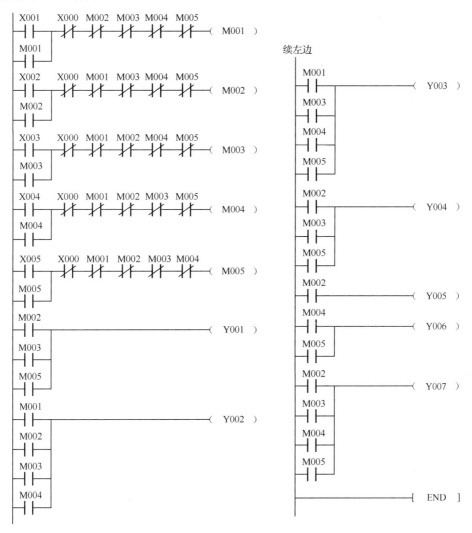

图 4-62　变换显示方式后的抢答器梯形图程序

（4）完善梯形图程序。

图 4-62 所示的抢答器梯形图程序虽然满足了 5 人抢答器控制系统的主要控制要求，但还有一个控制要求没有实现，即任一人抢答成功时蜂鸣器都要发出提示音。这个要求实现比较简单，从图 4-62 可看出，任一人抢答成功时，线圈 M001～M005 中总有一个得电，因此可把线圈 M001～M005 的 5 个动合触点并联起来，作为蜂鸣器线圈的控制条件。

另外,由于线圈 Y004 的控制条件与线圈 Y001 的控制条件完全相同,因此可把线圈 Y004 直接并联到线圈 Y001 上。

至此,5 人抢答器控制系统的梯形图程序设计完成,如图 4-63 所示。

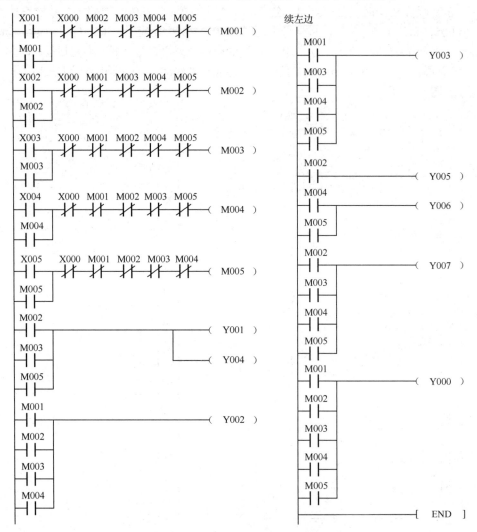

图 4-63　5 人抢答器控制系统的梯形图程序

3. 训练总结

通过本次训练,学生可了解到由于用经验设计法设计梯形图程序没有现成的梯形图模板可供套用,更没有普遍的规律可循,而完全依赖于用户的编程经验,这就导致整个编程过程具有相当的试探性和随意性,且得出的程序也不具备唯一性,甚至可能是不优秀的程序。所以,学生在平时的程序设计工作中要注意搜集工业控制系统程序和生产中常用的典型控制环节程序段,同时注意积累编程经验,丰富自己的阅历。

自测习题 4.7

(1)经验设计法是指把学生平时程序设计工作中搜集的工业控制系统程序或者生产中常用的典型控制环节程序段,凭自己的编程经验进行_____、_____或_____后,

应用到新的设计项目上的一种编程方法。

（2）用经验设计法设计梯形图程序的一般步骤是怎样的？

（3）经验设计法适用于哪种场合？

（4）试用经验设计法设计某汽车清洗机控制系统的梯形图程序，具体控制要求：按下启动开关后，清洗机电动机正转带动清洗机前进，当车辆检测器检测到有汽车时，检测器开关闭合，此时喷淋器电磁阀得电，打开阀门淋水，同时刷子电动机运转对汽车进行清洗；当清洗机前进到终点使终点限位开关闭合时，喷淋器电磁阀和刷子电动机均断电，清洗机电动机则反转带动清洗机后退；当清洗机后退到原点使原点限位开关闭合时，清洗机电动机停转，等待下一次启动。

任务 4.8 学习优化梯形图程序

4.8.1 任务内容

（1）了解梯形图程序的绘制规则。

（2）掌握梯形图程序的优化方法。

4.8.2 任务分析

在进行梯形图程序设计时，人们设计出来的梯形图程序，不一定是合理的程序，也可能是不规范的程序，这就需要对这些程序进行优化工作。因此，设置本任务的目的是，使学生掌握梯形图的绘制规则和优化方法，力争绘制出最合理和最优秀的梯形图程序。

4.8.3 相关知识

前面的任务分别介绍了用替换设计法、真值表设计法、波形图设计法、步进图设计法和经验设计法设计梯形图程序的步骤和要点。初学者学会这些设计法后已基本能够独立进行 PLC 控制系统的软件设计工作。

1．梯形图程序的绘制规则

（1）梯形图程序的每行逻辑行都必须从左母线开始，到右母线结束。

（2）梯形图程序中不允许出现输入存储器的线圈类符号，也不允许出现特殊存储器的线圈类符号。

（3）线圈类符号不可以直接接在左母线上，即线圈类符号与左母线之间必须接有触点类符号。若某线圈有必须始终通电的特殊需要，则必须在该线圈与左母线之间串接一个始终接通的特殊存储器 M8000 动合触点，或者串接一个未被使用的中间存储器动断触点，如图 4-64 所示。

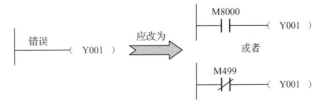

图 4-64 线圈类符号不可以直接接在左母线上

（4）指令类符号必须直接接在左母线上，如图 4-65 所示。

图 4-65　指令类符号必须直接接在左母线上

（5）右母线不允许与触点类符号相连接，即右母线只允许与线圈类或指令类符号连接，如图 4-66 所示。

（6）在同一梯形图程序中，同一个编号的线圈符号不允许重复使用，如图 4-67 所示。

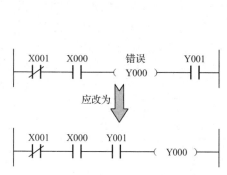

图 4-66　右母线不允许与触点类符号相连接

图 4-67　同一个编号的线圈符号不允许重复使用

（7）不允许出现桥式结构的梯形图程序，如图 4-68 所示。

（8）线圈类符号不允许串联使用，但允许并联使用，如图 4-69 所示。

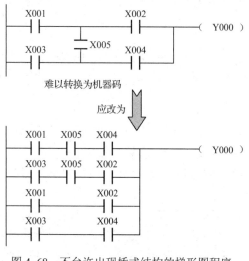

图 4-68　不允许出现桥式结构的梯形图程序

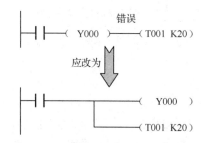

图 4-69　线圈类符号不允许串联使用

（9）无论哪种存储器，其触点类符号的使用次数不受限制，并且其动合触点和动断触点可反复使用，因此不必为了节省触点的使用次数而采用复杂的程序结构。

（10）梯形图程序的最后一行逻辑行必须是主程序结束指令 END。

2. 梯形图程序的优化方法

有些梯形图程序并不违反梯形图程序的绘制规则，也不存在编程错误，但在节省处理步

数、缩短 I/O 响应时间、防止抖动干扰、梯形图程序简化等方面，可能不太理想。因此，学生很有必要对设计出的初步梯形图程序进行优化工作，并力争绘制出最合理和最优秀的梯形图程序。

1）节省处理步数的方法

（1）在同一行逻辑行中，如果将串联触点多的支路和串联触点少的支路按从上到下的顺序排列，那么 CPU 会减少处理该逻辑行的步数。CPU 处理图 4-70（a）所示的梯形图程序需要 5 步，若把它改为图 4-70（b）所示的程序，则 CPU 处理该程序就节省 1 步而只需要 4 步。

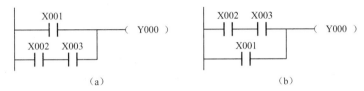

图 4-70　节省处理步数的方法 1

（2）在同一行逻辑行中，如果将并联触点多的电路块和并联触点少的电路块按从左到右的顺序排列，那么 CPU 会减少处理该逻辑行的步数。CPU 处理图 4-71（a）所示的梯形图程序需要 5 步，若把它改为图 4-71（b）所示的程序，则 CPU 处理该程序就节省 1 步而只需要 4 步。

图 4-71　节省处理步数的方法 2

（3）在同一行逻辑行中，如果把直接驱动的线圈放在上边，而把还需其他触点驱动的线圈放在下边，那么 CPU 会减少处理该逻辑行的步数。CPU 处理图 4-72（a）所示的梯形图程序需要 6 步，若把它改为图 4-72（b）所示的程序，则 CPU 处理该程序就节省 2 步而只需要 4 步。

图 4-72　节省处理步数的方法 3

2）缩短 I/O 响应时间的方法

由于 PLC 的工作方式是按照信号处理、程序处理、输出处理阶段循环进行的，同时前一行逻辑行的运算结果又可作为下一行逻辑行的运算对象参与下一行逻辑行的运算，因此当程序的逻辑行顺序安排不当时，输出响应输入的时间会被延长。在图 4-73（a）所示的梯形图程序中，线圈 Y002 和线圈 Y001 虽然都受同一个触点 M000 控制，但线圈 Y002 却要比线圈 Y001 延迟一个循环周期才得电，如图 4-73（b）所示；如果把图 4-73（a）所示的梯形图程序改为图 4-73（c）所示的程序，线圈 Y002 和线圈 Y001 就会同时得电了。

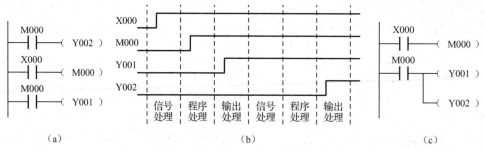

图 4-73　缩短 I/O 响应时间的方法 1

同样，在图 4-74（a）所示的梯形图程序中，触点 X001 闭合后，线圈 Y000 却不能在本循环周期内得电，而要等到下一循环周期才能得电，如图 4-74（b）所示；如果把图 4-74（a）所示的梯形图程序改为图 4-74（c）所示的程序，线圈 Y000 就会在本循环周期内得电了。

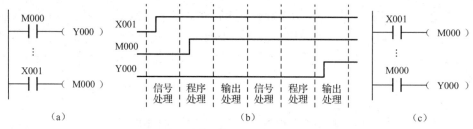

图 4-74　缩短 I/O 响应时间的方法 2

3）防止抖动干扰的方法

主令电器的触点在闭合和断开的瞬间常会产生抖动，这样在一些高速系统中就会使被控电器产生振荡（快速地接通与断开），如图 4-75（a）和图 4-75（b）所示。解决这个问题的方法是把图 4-75（a）所示的梯形图程序改为图 4-75（c）所示的程序，使主令电器的触点 X000 闭合 0.5 s 后被控电器 Y002 才得电，而使主令电器的触点 X000 断开 0.5 s 后被控电器 Y002 才失电，这样就可避免被控电器产生振荡了。

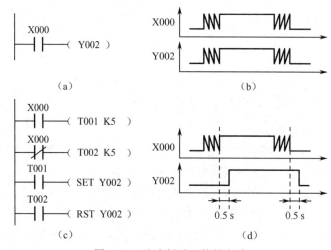

图 4-75　防止抖动干扰的方法

4）梯形图程序的化简方法

（1）图 4-76（a）所示的梯形图程序结构比较复杂，人们使用编译软件对它进行处理也比较困难，但若把图 4-76（a）所示的梯形图程序改为图 4-76（b）所示的程序，则其不仅结构变得比较简单，还便于编译软件的处理。

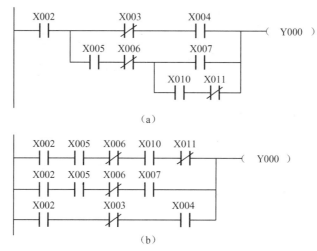

图 4-76　梯形图程序的化简方法 1

（2）虽然梯形图程序对串联触点的数量和并联触点的数量没有限制，但在使用编译软件绘制梯形图程序时，或者在打印梯形图程序时，会因其尺寸原因而给绘制工作和打印工作带来不便。因此，在实际的梯形图程序中，往往规定程序的水平方向不超过 11 个串联触点，垂直方向不超过 7 个并联触点。据此规定，人们可采用图 4-77（a）所示的梯形图程序来解决串联触点过多的问题，采用图 4-77（b）所示的梯形图程序来解决并联触点过多的问题。

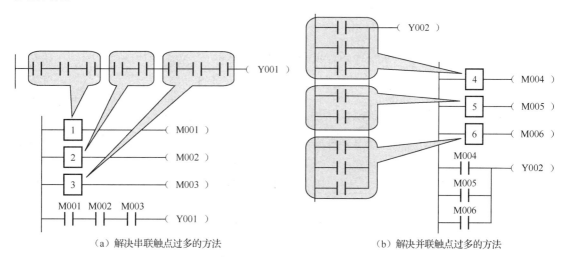

（a）解决串联触点过多的方法　　　　　　　　　　（b）解决并联触点过多的方法

图 4-77　解决串联触点过多和并联触点过多的方法

按照图 4-77 所示的解决方法，图 4-78（a）所示的梯形图程序就可改为图 4-78（b）所示的程序了，从而有效地解决了梯形图程序中串联触点过多和并联触点过多的问题。

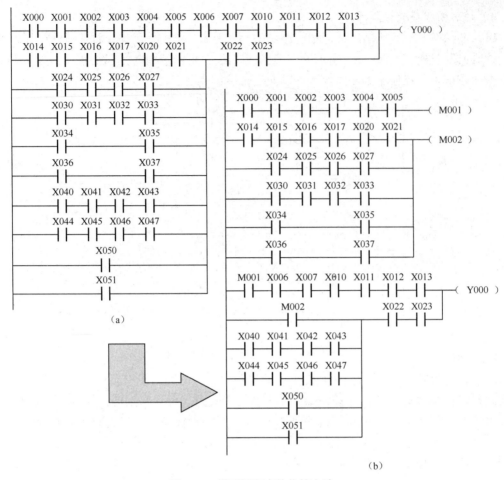

图 4-78　梯形图程序的化简方法 2

自测习题 4.8

（1）梯形图程序的主要绘制规则有线圈类符号与左母线之间必须接有_____符号；右母线不允许与_____符号相连接；指令类符号必须直接接在_____上；线圈类符号不允许_____使用，但允许_____使用；不允许出现输入存储器和特殊存储器的_____符号；在同一梯形图程序中，同一个编号的线圈符号不允许_____使用；不允许出现_____结构的梯形图程序；梯形图程序的最后一行逻辑行必须是主程序结束指令_____；无论哪种存储器，其触点类符号的使用次数不受_____，并且其动合触点和动断触点可反复_____，因此不必为了节省触点的使用次数而采用复杂的程序结构。

（2）梯形图程序的优化方法有哪几种？

项目 5

学习 PLC 控制系统的构建技术

项目内容

（1）GX Developer 编译软件的使用方法。

（2）FXGPWIN 编译软件的使用方法。

（3）实验室模拟调试方法。

（4）现场调试方法。

（5）技术文件的整理和编写。

知识目标

（1）了解编译软件的使用方法。

（2）了解 PLC 的安装和外部接线方法。

技能目标

（1）学会编译软件的使用。

（2）掌握实验室的模拟调试方法。

（3）掌握现场调试方法。

　　当学生设计好 PLC 的硬件和软件后，虽然其已完成了 PLC 应用设计最关键且最重要的工作，但 PLC 的整个应用设计工作却还没有全部完成，只有把软件和硬件结合起来，实现对各种机械或生产过程的控制，即进一步地做好 PLC 控制系统的构建工作，学生才算真正地掌握了 PLC 的应用技术。

任务 5.1　学习用户程序的编译和下载

5.1.1　任务内容

（1）了解 GX Developer 编译软件和 FXGPWIN 编译软件的使用方法。

（2）把咖啡自动售卖机控制系统的梯形图程序分别通过 GX Developer 编译软件和 FXGPWIN 编译软件下载到 PLC 中。

5.1.2　任务分析

梯形图程序仅仅是一种表达某些控制功能的图形化描述语言，它既不能直接被 PLC 接受和存储，也不能直接被 CPU 识别和执行，而必须通过 PLC 编译软件的编译，把其翻译转换成机器码程序后，才能被 PLC 接受和存储，也才能被 CPU 识别和执行。由此可看出，软件编译工作是把软件和硬件结合起来的工作。因此，设置本任务的目的是，使学生通过相关知识的学习，了解 GX Developer 和 FXGPWIN 编译软件的操作步骤和要领，同时通过把咖啡自动售卖机控制系统的梯形图程序下载到 PLC 中并进行相应的训练，以掌握三菱编译软件的使用方法。

5.1.3　相关知识

虽然把梯形图程序编译转换成机器码程序是由编译软件本身完全自动完成的，但编译软件的运行仍然是由人去操作的，这其中的操作步骤是否正确，操作方法是否恰当，直接关系着编译工作是否顺利和是否成功。所以，学生掌握编译软件正确的使用方法是非常重要的。

1. GX Developer 编译软件的使用

三菱公司的 GX Developer 编译软件是与三菱 PLC 配套的编译软件，它适用于三菱公司生产的所有系列的 PLC，其界面和帮助文件均已汉化，不管是梯形图程序还是 SFC 程序，都能方便地输入编译软件中，并顺利地编译成机器码程序后下载到 PLC 中。另外，GX Developer 编译软件还具有程序查错功能，还能在梯形图程序上添加注释以便于阅读和理解。GX Developer 编译软件的各方面性能均比 FXGPWIN 编译软件优越。

1）打开编译软件

双击桌面上的"GX Developer"图标，即可打开编译软件，如图 5-1 所示。

图 5-1　打开编译软件

2）创建工程文件

选择"工程"→"创建新工程"命令，在弹出对话框的"PLC 系列"下拉列表中选择 PLC 使用的 CPU 类型（如选择"FXCPU"选项），在"PLC 类型"下拉列表中选择 PLC 的型号（如选择"FX2N"选项），在"程序类型"选项组中选中"梯形图"单选按钮，勾选"生成和程序名同名的软元件内存数据"复选框，单击"确定"按钮，即进入新工程的梯形图程序输入窗口了，如图 5-2 所示。

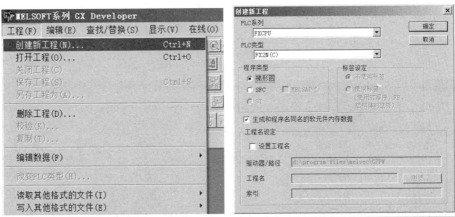

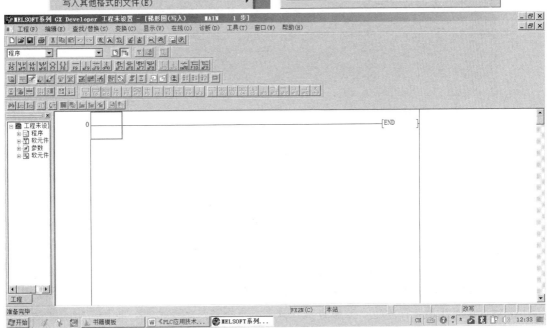

图 5-2　新工程的梯形图程序输入窗口

3）输入梯形图程序

输入梯形图程序如图 5-3 所示。

（1）先把光标移至要摆放元件的位置，根据要摆放元件的种类按相应的快捷键（动合触点按 F5 键、并联动合触点按 Shift+F5 快捷键、动断触点按 F6 键、并联动断触点按 Shift+F6 快捷键、前沿微分触点按 Shift+F7 快捷键、并联前沿微分触点按 Alt+F7 快捷键、后沿微分触点按 Shift+F8 快捷键、并联后沿微分触点按 Alt+F8 快捷键、通用线圈按 F7 键、指令类线圈

按 F8 键），在弹出的对话框中填写该元件的编号（如 X005、Y004、M003、T002　K20、C001 K10、SET　M000 等，注意元件编号与设定值之间、指令类符号与元件编号之间要留有空格），然后按 Enter 键，一个元件便摆放好了。

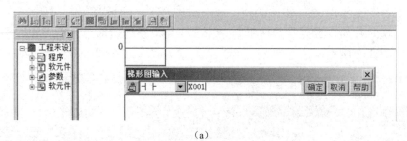

（a）

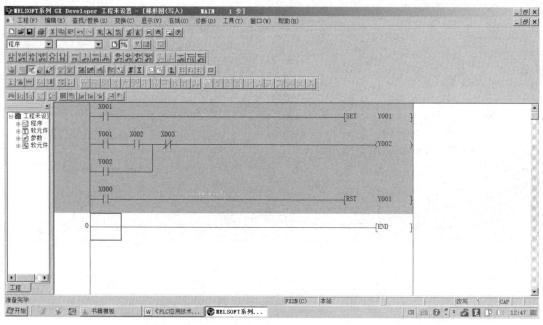

（b）

图 5-3　输入梯形图程序

（2）先把光标移至要摆放接线的位置，根据要摆放接线的种类按相应的快捷键（水平线按 F9 键、垂直线按 Shift+F9 快捷键，注意垂直线是从光标左侧中点开始往下绘制的），然后按 Enter 键，一段接线便摆放好了；若需绘制长段水平线或长段垂直线，则重复上述操作即可。

提示： 输入线圈类符号后，它会自动摆放到梯形图程序的最右侧，线圈与触点间会自动生成长段的水平线。另外，程序的最后一行也不用输入主程序结束指令 END，因为编译软件会自动生成。

按照上述方法操作，学生可把设计好的梯形图程序全部输入编译软件，当然也可按上述方法直接在梯形图程序输入窗口上设计梯形图程序。

4）编译程序

梯形图程序只有在编译成机器码程序后，编译软件才能保存它，如果在不经编译的情况下去保存输入窗口中的梯形图程序或者关闭窗口，输入窗口中的梯形图程序将丢失。所以，梯形图程序输入完成后，必须先编译再保存，即使是没有输入完成还需继续输入的梯形图程

序，也必须先编译再保存，否则，已经输入的这部分梯形图程序也将丢失。

　　按 F4 键，输入窗口上的梯形图程序便被编译成机器码程序后保存在计算机中，当梯形图程序的背景色由灰色变为白色时，表明编译成功，如图 5-4 所示。

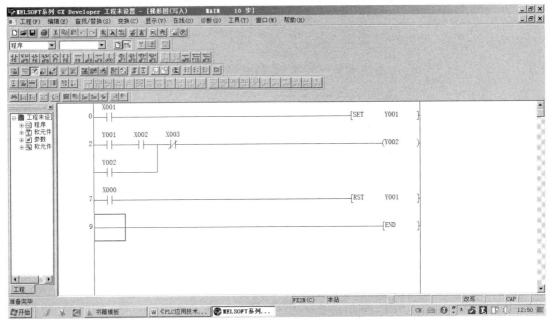

图 5-4　编译程序

　　编译软件对按 F4 键有步数限制，若屏幕上一次输入过长的梯形图程序，则按 F4 键时可能失效（无法编译）。因此，每输入一段梯形图程序（如已超过半个屏幕）要先按 F4 键，再输入下一段梯形图程序，再按 F4 键，直到梯形图程序全部输入完成后，最后按"F4"键。

　　5）检查程序

　　选择"工具"→"程序检查"命令，在弹出对话框的"检查内容"选项组中勾选全部复选框，在"检查对象"选项组中选中"当前的程序作为对象"单选按钮，单击"执行"按钮，检查的结果会显示在对话框的空白处，如图 5-5 所示。

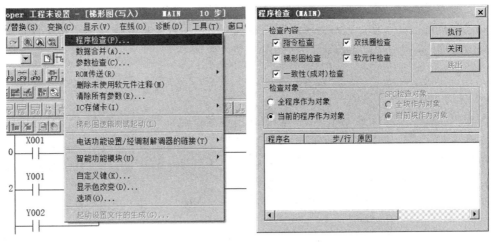

图 5-5　检查程序

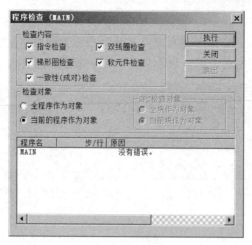

图 5-5　检查程序（续）

检查的结果应该是"没有错误"，如果出现错误提示，应根据提示修改程序，程序修改方法如下。

（1）修改元件。把光标移到要修改的元件上，按输入新元件的方法输入正确的元件，按 Enter 键后，原来错误的元件便被改成了新的元件。

（2）删除元件。把光标移到要删除的元件上，按 Delete 键后，该元件便被删除；若需要补上水平线，则先按 F9 键后，再按 Enter 键，被删除的元件位置上便被补上一条水平线。

（3）删除接线。把光标移到要删除的水平线上，按 Delete 键后，光标处的水平线便被删除；把光标左侧的中点移到要删除的垂直线顶端，先按 Ctrl+F10 快捷键，再按 Enter 键，光标处的垂直线便被删除。

（4）删除逻辑行。拖动光标将要删除的逻辑行整体选中，并右击，选择"剪切"命令，该逻辑行便被删除。

（5）复制逻辑行。先拖动光标将要复制的逻辑行整体选中，并右击，选择"复制"命令，再把光标移到要摆放该逻辑行的位置，并右击，选择"粘贴"命令，光标所在处便出现了被复制的逻辑行。

（6）插入逻辑行。把光标移到要插入逻辑行的位置，并右击，选择"行插入"命令，光标处的逻辑行将自动下移，按输入梯形图程序的方法便可在光标处插入一个新逻辑行程序。

修改程序后，必须再次编译程序和检查程序，直到检查结果为"没有错误"时，关闭对话框。

6）保存工程文件

选择"工程"→"保存工程"命令，在弹出对话框的 "驱动器/路径"文本框中输入盘名和文件夹名（如输入"d：\ZHOU\工程 1"），在"工程名"文本框中输入工程名称（如输入"电机联锁控制器"），单击"保存"按钮，在新弹出的对话框中单击"是"按钮，新工程的文件便被保存到编译软件中，如图 5-6 所示。

此时若需要关闭打开的文件，则可单击菜单栏右侧的"×"按钮，当前窗口中的文件便会被关闭，返回编译软件的初始界面。

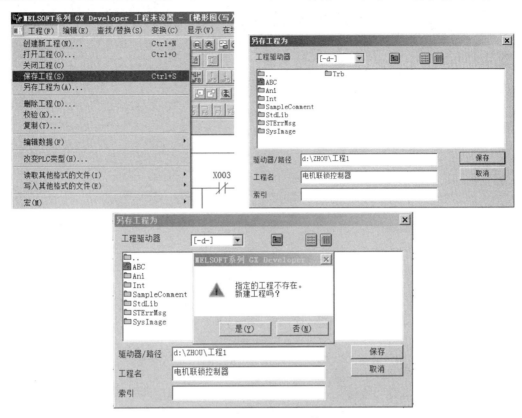

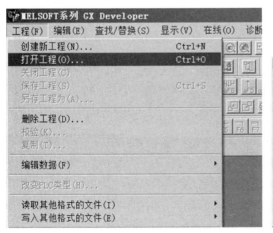

图 5-6　保存工程文件

7）下载程序

（1）连接计算机和 PLC。先把 SC-09 下载电缆中的 MD8M 插头（圆插头）插入 PLC 的 RS-422 插口（需注意插入方向，不可硬插），再把 DB9F 插头（扁插头）插入计算机的 RS-232C 插口，最后把 PLC 上的 RUN/STOP 工作模式开关拨向 STOP 并接通 PLC 的电源。

（2）打开欲下载的文件。选择"工程"→"打开工程"命令，在弹出对话框的"工程驱动器"下方的列表中单击欲打开的工程名（如选择"电机联锁控制器"选项），单击"打开"按钮，被选中的文件便被打开，如图 5-7 所示。

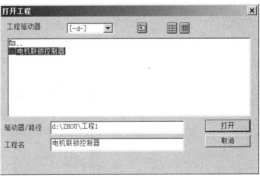

图 5-7　打开欲下载的文件

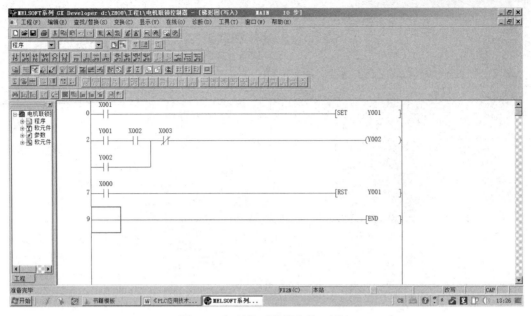

图 5-7　打开欲下载的文件（续）

　　如果打开的文件是没有完成的文件，此时可继续输入，完成后需选择"编译程序"→"检查程序"→"保存工程文件"命令。

　　（3）下载程序。选择"在线"→"PLC 写入"命令，在弹出的对话框中选择"程序"下的"WAIN"复选框，单击"执行"按钮，打开的梯形图文件便以机器码程序的格式下载到 PLC 中，这时会弹出"PLC 写入"对话框，显示下载进度指示条，当出现"已完成"时，单击对话框中的"确定"按钮，并逐级关闭窗口中的对话框，如图 5-8 所示。

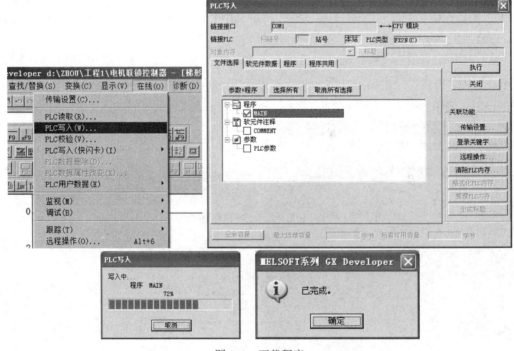

图 5-8　下载程序

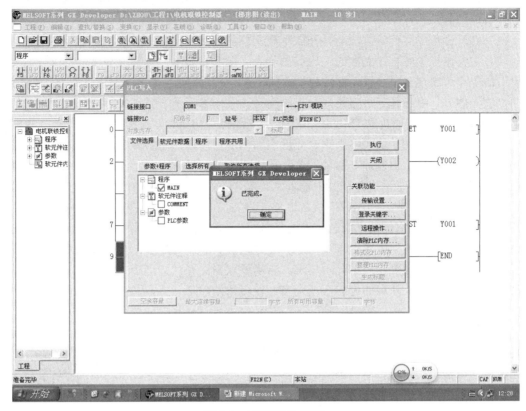

图 5-8 下载程序（续）

8）关闭编译软件

单击窗口右上角的"×"按钮，在弹出的对话框中单击"是"按钮，便可退出 GX Developer 编译软件了，如图 5-9 所示。

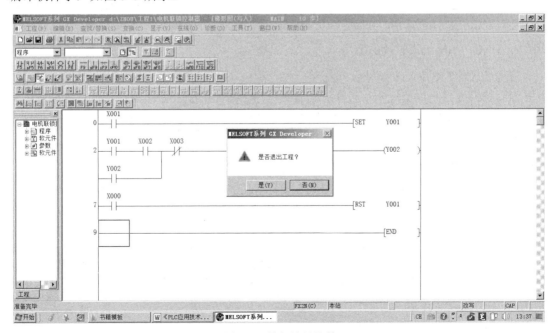

图 5-9 关闭编译软件

9）注释梯形图程序

（1）打开梯形图文件的方法与打开欲下载文件的方法相同。

（2）先单击梯形图程序左侧的工程数据列表（如没有显示，选择"显示"→"工程数据列表"命令即可出现）中"软元件注释"前的"+"号，再双击"COMMENT"，在弹出表格上的"软元件名"中选择某系列元件的起始编号（注释 X 系列就选"X000"、注释 Y 系列就选"Y000"、注释 M 系列就选"M000"、注释 T 系列就选"T000"、注释 C 系列就选"C000"），单击"显示"按钮，并单击表格中某软元件名右侧的"注释"空格并在其中输入注释内容，单击表格中某软元件名右侧的"别名（或机器名）"空格并在其中输入元件代号（例如，单击"X000"右侧的"注释"空格并在其中输入"光电开关"，单击"X000"右侧的"别名（或机器名）"空格并在其中输入"GK"；单击"X001"右侧的"注释"空格并在其中输入"停止开关"，单击"X001"右侧的"别名（或机器名）"空格并在其中输入"SB2"），输入完成后，单击菜单栏右侧的"×"按钮，选择"显示"→"注释显示（或别名显示）"命令，注释的内容（或别名）便在梯形图程序中显示出来。若需要取消注释，则选择"显示"→"注释显示（或别名显示）"命令，注释的内容（或别名）便可取消。

（3）选择"编辑"→"文档生成"→"声明/注解批量编辑"命令，在弹出的对话框中单击"行间声明"，并双击表格中某步右侧的空格，输入相应的声明内容（如双击步 20 右侧的空格并在其中输入"欢字灯点亮"，双击步 26 右侧的空格并在其中输入"迎字灯点亮"），输入完成后，单击"确定"按钮，选择"显示"→"声明显示"命令，声明的内容便在梯形图程序左侧显示出来。若需要取消声明，则选择"显示"→"声明显示"命令，声明的内容便可取消。

（4）选择"编辑"→"文档生成"→"声明/注解批量编辑"命令，在弹出的对话框中单击"注解"，并双击表格中某步右侧的空格，输入相应的注解内容（如双击步 25 右侧的空格并在其中输入"欢字灯"，双击步 31 右侧的空格并在其中输入"迎字灯"），输入完成后，单击"确定"按钮，选择"显示"→"注解显示"命令，注解的内容便在梯形图程序线圈旁显示出来。若需取消注解，则选择"显示"→"注解显示"命令，注解的内容便可取消。

2. FXGPWIN 编译软件的使用

三菱公司的 FXGPWIN 编译软件是专门为三菱公司生产的 FX 系列 PLC 配套的编译软件，其界面和帮助文件也均已汉化，不管是梯形图程序、指令表程序还是 SFC 程序，都能方便地输入编译软件，并顺利地编译成机器码程序后下载到 PLC 中，另外，该编译软件具有程序查错功能，还能在梯形图程序上添加注释以便于阅读和理解。

1）打开编译软件

双击桌面上的"FXGPWIN-快捷方式"图标（见图 5-1），即可打开编译软件。本书以该软件的 SWOPC-FXGP/WIN-C3.00 版为例进行相关内容的介绍。

2）创建工程文件

选择"文件"→"新文件"命令，在弹出的对话框中选择 PLC 型号（如选中"FX2N/FX2NC"单选按钮），单击"确认"按钮，即进入新工程的梯形图程序输入窗口了，如图 5-10 所示。

3）输入梯形图程序

输入梯形图程序如图 5-11 所示。

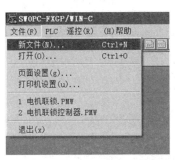

图 5-10　进入新工程的梯形图程序输入窗口

（1）把光标移至要摆放元件的位置，根据要摆放元件的种类按相应的快捷键（动合触点按 F5 键、动断触点按 F6 键、前沿微分触点按 F2 键、后沿微分触点按 F3 键、通用线圈按 F7 键、指令线圈按 F8 键），双击 Enter 键后在弹出的对话框中填写该元件的编号（如 X000、Y001、M002、T003　K10、C004　K20、SET　M005 等，注意元件编号与设定值之间、指令类符号与元件编号之间要留有空格），按 Enter 键，一个元件便摆放好了。

（2）把光标移至要摆放接线的位置，根据要摆放接线的种类按相应的快捷键（水平线按 F9 键、垂直线按 Shift+F9 快捷键，注意垂直线是从光标左侧中点开始往下绘制的），接线便摆放好了；若需要绘制长段水平线，则连续按 F9 键，若需要绘制长段垂直线，则按下 Shift 键并连续按 F9 键。

提示：输入线圈类符号后，它会自动摆放到梯形图程序的最右侧，线圈与触点间会自动生成长段的水平线。

按照上述方法操作，可把设计好的梯形图程序全部输入编译软件，当然也可按上述方法直接在梯形图程序输入窗口上设计梯形图程序。

4）编译程序

按 F4 键，输入窗口中的梯形图程序便被编译成机器码程序后保存在计算机中，当梯形图程序的背景色由灰色变为白色时，表明编译成功，如图 5-12 所示。

PLC 应用技术项目化教程

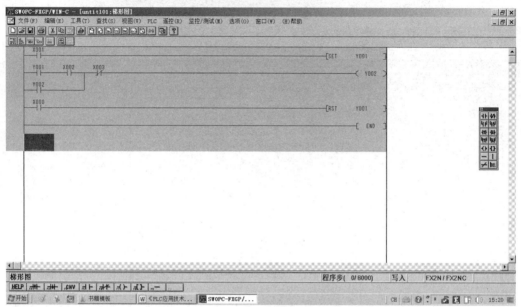

图 5-11　输入梯形图程序

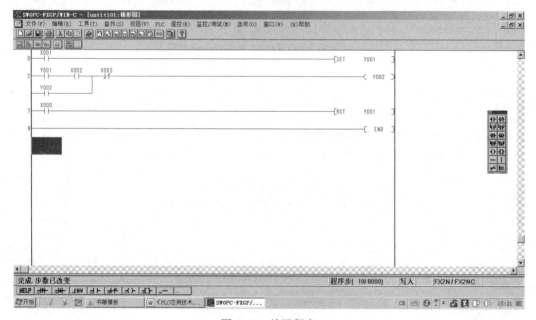

图 5-12　编译程序

　　编译软件对按 F4 键有步数限制，如果屏幕上一次输入过长的梯形图程序，那么按 F4 键时可能失效（无法编译）。因此，每输入一段梯形图程序（如已超过半个屏幕）要先按 F4 键，再输入下一段梯形图程序，再按 F4 键，直到梯形图程序全部输入完成后，最后按 F4 键。

150

5）检查程序

检查程序，如图 5-13 所示。

（1）选择"选项"→"程序检查"命令，在弹出的对话框中先选中"语法错误检查"单选按钮。单击"确认"按钮，语法检查的结果会显示在对话框的"结果"列表框中。

（2）在对话框中选中"双线圈检验"单选按钮，并在"检查元件"选项组中勾选"输出"复选框，单击"确认"按钮，双线圈输出检查的结果会显示在对话框的"结果"列表框中。

（3）在对话框中选中"电路错误检查"单选按钮，单击"确认"按钮，电路检查的结果同样会显示在对话框的"结果"列表框中。

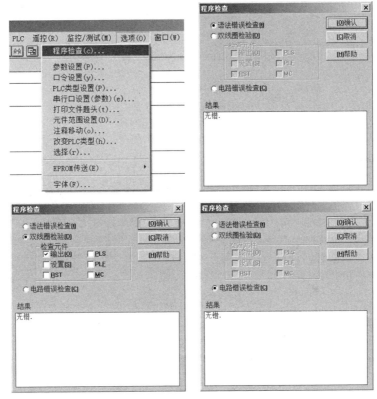

图 5-13　检查程序

上述 3 项检查都应在"结果"列表框中显示"无错."，如果出现错误提示，应根据提示修改程序，程序修改方法与 GX Developer 编译软件相同，学生可参考修改。

6）保存工程文件

选择"文件"→"保存"命令，在弹出对话框的"将文件保存为类型"下拉列表中选择文件类型（如选择"WIN　Files"选项），在"驱动器"下拉列表中选择驱动器的盘名（如选择"d:"选项），在"文件夹"列表框中选择文件夹名（如选择"FXGPWIN"选项），在"文件名"列表框中选择该工程的名称（如选择"电机联锁控制器"选项），单击"确认"按钮，在新弹出对话框的"文件题头名"文本框中输入程序的文件名（如"用户程序1"，若只有 1个文件，则应输入该工程的名称，如"电机联锁控制器"），单击"确认"按钮，新工程的文件便被保存到编译软件中，如图 5-14 所示。

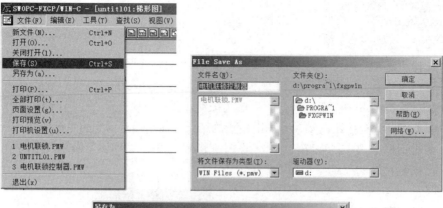

图 5-14　保存工程文件

　　此时若需要关闭打开的文件，或者继续输入同一工程的"用户程序 2"，可单击菜单栏右侧的"×"按钮，当前窗口中的文件便会关闭，返回编译软件的初始界面。

　　7）下载程序

　　（1）连接计算机和 PLC。方法与 GX Developer 编译软件相同，学生可参考进行。

　　（2）打开欲下载的文件。选择"文件"→"打开"命令，在弹出对话框的"文件名"列表框中选择欲打开的文件名（如"电机联锁.PMW"），单击"确定"按钮，确认新弹出对话框的内容后单击"确认"按钮，被选中的文件便被打开，如图 5-15 所示。

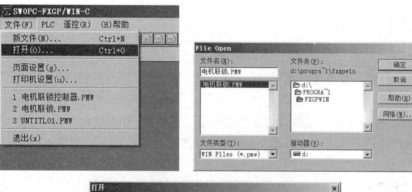

图 5-15　打开欲下载的文件

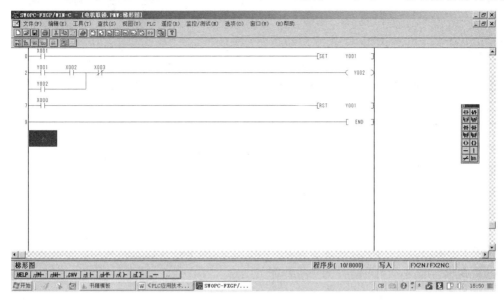

图 5-15　打开欲下载的文件（续）

如果打开的文件是没有完成的文件，此时可继续输入，输入完成后需要选择"编译程序"
→"检查程序"→"保存项目文件"命令。

（3）下载程序。选择"PLC"→"传送"→"写出"命令，在弹出对话框中选中"范围
设置"单选按钮，并在"起始步"文本框中输入"0"，在"终止步"文本框中输入 END 指
令所在步的步号（步号通常会显示在梯形图程序左母线的左侧），单击"确认"按钮，打开的
梯形图文件便以机器码程序的格式下载到 PLC 中，如图 5-16 所示。

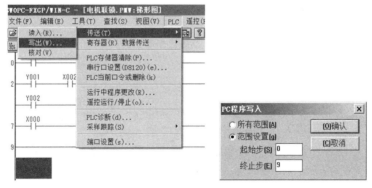

图 5-16　下载程序

8）关闭编译软件

单击窗口右上角的"×"按钮，便可退出 FXGPWINC 编译软件了。

9）注释梯形图程序

为了使打印出的梯形图文件易于分析和理解，可对梯形图程序加上一些必要的注释。

（1）打开梯形图文件的方法与打开欲下载文件的方法相同。

（2）输入"视图"→"注释视图"→"元件注释/元件名称（或线圈注释）"命令，在弹
出对话框的"元件"栏中输入某系列元件的起始编号（注释 X 系列就输入"X000"、注释 Y
系列就输入"Y000"、注释 M 系列就输入"M000"、注释 T 系列就输入"T000"、注释 C 系

列就输入"C000"），单击"确认"按钮。在弹出的表格中双击某元件编号右侧的"元件注释"空格并在其中输入注释内容，双击某元件编号右侧的"名称"空格并在其中输入元件代号（例如，双击"X000"右侧的"元件注释"空格并在其中输入"光电开关"，按 Enter 键，双击"名称"空格并在其中输入"GK"，按 Enter 键；双击"X001"右侧的"元件注释"空格并在其中输入"停止开关"，按 Enter 键，双击"名称"空格并在其中输入"SB2"，按 Enter 键），输入完成后，点击表格右上角的"×"按钮，选择"视图"→"显示注释"命令，在弹出的对话框中勾选"元件号""元件名称""元件注释""线圈注释"复选框，单击"确认"按钮，注释的内容便在梯形图程序中显示出来。若需要取消注释，则选择"视图"→"显示注释"命令，在弹出的对话框中取消勾选"元件名称""元件注释""线圈注释"复选框，单击"确认"按钮，注释的内容便可取消。

（3）选择"视图"→"注释视图"→"程序块注释"命令，在弹出的对话框中单击"确认"按钮，在弹出的表格中双击加有花括号步号的右侧空格并输入相应的注释内容（例如，双击加有花括号步号"20"的右侧空格并在其中输入"欢字灯点亮"，按 Enter 键；双击加有花括号步号"26"的右侧空格并在其中输入"迎字灯点亮"，按 Enter 键），输入完成后，单击表格右上角的"×"按钮，选择"视图"→"显示注释"命令，在弹出的对话框中选择"程序块注释"，单击"确认"按钮，注释的内容便在梯形图程序中显示出来。

5.1.4 任务实施

1. 器材准备

（1）计算机 1 台（安装有 GX Developer 编译软件和 FXGPWIN 编译软件）。

（2）PLC 应用项目实验箱 1 个。

2. 训练步骤

本任务以图 4-53 所示的咖啡自动售卖机控制系统的梯形图程序为例，学习 GX Developer 编译软件和 FXGPWIN 编译软件的使用方法。

1）GX Developer 编译软件的使用

（1）打开编译软件。双击桌面上的"GX Developer"图标，打开编译软件。

（2）建立工程文件。进入新工程的梯形图程序输入窗口。

（3）输入梯形图程序。把图 4-53 所示的程序输入编译软件的梯形图程序输入窗口。

（4）编译程序。按 F4 键，编译输入窗口上的梯形图程序。

（5）检查程序。进行程序检查，若无错，则练习一下修改元件、删除元件、删除接线、复制逻辑行、插入逻辑行和删除逻辑行；对照图 4-53，把梯形图程序修改正确，并编译程序和检查程序，直到检查结果无错为止。

（6）保存工程文件。文件夹名称可仿照格式自行命名，工程名称应填为"咖啡自动售卖机控制器"。

（7）下载程序。把程序下载到 PLC 中。

（8）关闭编译软件。单击窗口右上角的"×"按钮，关闭编译软件。

2）FXGPWIN 编译软件的使用

（1）打开编译软件。双击桌面上的"FXGPWINC-快捷方式"图标，打开编译软件。

（2）建立工程文件。进入新工程的梯形图程序输入窗口。

（3）输入梯形图程序。把图 4-53 所示的程序输入编译软件的梯形图程序输入窗口。

（4）编译程序。按 F4 键，编译输入窗口中的梯形图程序。需注意的是：该编译软件对按 F4 键有步数限制的特性非常突出，若屏幕上一次输入过长的梯形图程序，则按 F4 键时可能失效（无法编译）。因此，每输入一段梯形图程序（如已超过半个屏幕）要先按 F4 键，然后输入下一段梯形图程序，再按 F4 键，直到梯形图程序全部输入完成后，按 F4 键。

（5）检查程序。进行程序检查，若无错，则练习一下修改元件、删除元件、删除接线、复制逻辑行、插入逻辑行和删除逻辑行；对照图 4-53，把梯形图程序修改正确，并编译程序和检查程序，直到检查结果无错为止。

（6）保存工程文件。文件夹名称可仿照格式自行命名，工程名称应填为"咖啡自动售卖机控制器"。

（7）下载程序。把程序下载到 PLC 中。

（8）关闭编译软件。单击窗口右上角的"×"按钮，关闭编译软件。

3. 训练总结

通过本次训练，学生可掌握三菱编译软件的操作步骤，学会 GX Developer 编译软件和 FXGPWIN 编译软件的使用方法，为把软件和硬件结合起来打好基础。

自测习题 5.1

（1）在 PLC 中下载梯形图程序时，RUN/STOP 工作模式开关应拨到_____位置，并且要接通 PLC 的_____电源。

（2）写出表 5-1 中与梯形图符号对应的快捷键名称。

表 5-1　梯形图符号对应的快捷键名称

梯形图符号	⊣├	⊣/├	⊣↑├	⊣↓├
GX Developer 软件				
FXGPWIN 软件				
梯形图符号	—（　）	⊣　├	∣	转换
GX Developer 软件				
FXGPWIN 软件				

（3）编译软件与 PLC 软件是一回事吗？PLC 软件包括哪些部分？编译软件的主要作用是什么？

（4）写出 GX Developer 编译软件的操作步骤。

（5）写出 FXGPWIN 编译软件的操作步骤。

任务 5.2　学习在实验室模拟调试

5.2.1　任务内容

使用 PLC 应用项目实验箱对物品搬运机械手 PLC 控制系统进行模拟调试。

5.2.2 任务分析

在用户程序下载到 PLC 中后，学生必须在实验室进行一次模拟调试，这样不仅能及时暴露程序设计中存在的问题，还能十分准确地检验出学生设计的用户程序是否完全符合控制系统的控制要求。因此，设置本任务的目的是，通过使用 PLC 应用项目实验箱对物品搬运机械手 PLC 控制系统进行模拟调试的训练，使学生学会在实验室进行 PLC 控制系统模拟调试的方法。

5.2.3 任务实施

1. 器材准备

（1）计算机 1 台（安装有 GX Developer 编译软件或 FXGPWIN 编译软件）。

（2）PLC 应用项目实验箱 1 个。

2. 训练步骤

图 5-17 所示为物品搬运机械手 PLC 控制系统硬件接线图。

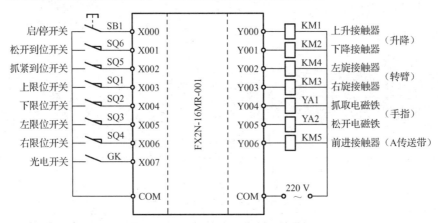

图 5-17　物品搬运机械手 PLC 控制系统硬件接线图

图 5-18 所示为物品搬运机械手 PLC 控制系统梯形图程序初稿。

1）指定模拟主令电器的小开关

从物品搬运机械手 PLC 控制系统硬件接线图中可看出，启/停开关、松开到位开关、抓紧到位开关、上限位开关、下限位开关、左限位开关、右限位开关、光电开关是依次连接在 PLC 的 X000～X007 上的，而实验箱上与 X000～X007 对应的按钮开关依次标注为主令电器 00～07。因此，学生应在主令电器 00～07 的塑封条上依次贴上写有"启/停开关、松开到位开关、抓紧到位开关、上限位开关、下限位开关、左限位开关、右限位开关、光电开关"的不干胶贴纸。

2）指定模拟被控电器的发光二极管

从物品搬运机械手 PLC 控制系统硬件接线图中可看出，上升接触器、下降接触器、左旋接触器、右旋接触器、抓取电磁铁、松开电磁铁、前进接触器是依次连接在 PLC 的 Y000～Y006 上的，而实验箱上与 Y000～Y006 对应的发光二极管依次标注为被控电器 00～06。因

此，学生应在被控电器 00～06 的塑封条上依次贴上写有"上升接触器、下降接触器、左旋接触器、右旋接触器、抓取电磁铁、松开电磁铁、前进接触器"的不干胶贴纸。

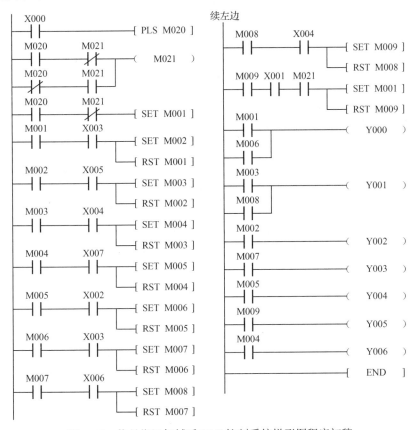

图 5-18　物品搬运机械手 PLC 控制系统梯形图程序初稿

3）把梯形图程序下载到 PLC 中

把 PLC 上的 RUN/STOP 工作模式开关拨到 STOP 位置，接通实验箱 220 V 交流电源。把图 5-18 所示的物品搬运机械手 PLC 控制系统梯形图程序初稿通过 GX Developer 编译软件或 FXGPWIN 编译软件下载到实验箱上的三菱 FX2N-32MR-001 PLC 中。

4）初次模拟运行

先把 PLC 上的 RUN/STOP 工作模式开关拨到 RUN 位置，并使实验箱上所有代表自锁开关的拨动式开关全部处于断开状态（因本次训练只使用按钮开关而用不到自锁开关，故应把拨动式开关全部拨到 OFF 位置），然后按图 5-19 所示的物品搬运机械手运行流程逐步模拟运行。

（1）不按任何按钮开关，这时 7 个发光二极管全不亮，模拟出机械手处于原始停机位置。

（2）按启/停开关，上升接触器灯亮，模拟出机械手上升运动。

（3）按上限位开关，上升接触器灯灭、左旋接触器灯亮，模拟出机械手左旋运动。

（4）按左限位开关，左旋接触器灯灭、下降接触器灯亮，模拟出机械手下降运动。

（5）按下限位开关，下降接触器灯灭、传送带前进接触器灯亮，模拟出 A 传送带运动。

（6）按光电开关，传送带前进接触器灯灭、抓取电磁铁灯亮，模拟出机械手抓取物品动作。

（7）按抓紧到位开关，抓取电磁铁灯灭、上升接触器灯亮，模拟出机械手上升运动。

（8）按上限位开关，上升接触器灯灭、右旋接触器灯亮，模拟出机械手右旋运动。

（9）按右限位开关，右旋接触器灯灭、下降接触器灯亮，模拟出机械手下降运动。

（10）按下限位开关，下降接触器灯灭、松开电磁铁灯亮，模拟出机械手松开物品动作。

（11）按松开到位开关，松开电磁铁灯灭、上升接触器灯亮，模拟出机械手上升运动。

（12）重复第（3）～（11）步，进行第2遍模拟。

（13）重复第（3）～（11）步，进行第3遍模拟，在第（3）～（10）步的任一时刻按启/停开关，这时模拟运行仍可继续进行，一直模拟到第3遍的第（11）步时，7个发光二极管才全不亮，模拟出机械手必须到达原始位置才停机的状态。

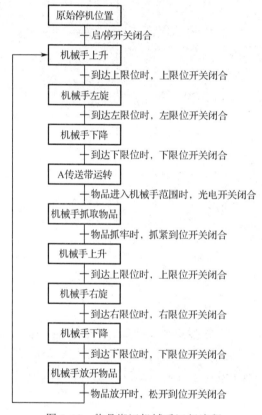

图 5-19　物品搬运机械手运行流程

5）分析模拟结果

仔细分析初次模拟运行的结果，我们发现抓取电磁铁灯仅仅在第（6）步亮了一下，而在第（7）～（9）步中都不亮，这是一个致命的失误，因为在第（6）步抓取电磁铁得电，物品被抓住，而在第（7）～（9）步抓取电磁铁失电，物品极有可能掉落，这样不仅达不到搬运物品的目的，还极有可能引发安全事故。所以，学生必须对梯形图程序初稿进行修改，让抓取电磁铁在第（6）～（9）步都得电。

修改梯形图程序初稿，在线圈 Y004 的控制条件 M005 上并联 M006、M007 和 M008。修改后的物品搬运机械手 PLC 控制系统梯形图程序如图 5-20 所示。

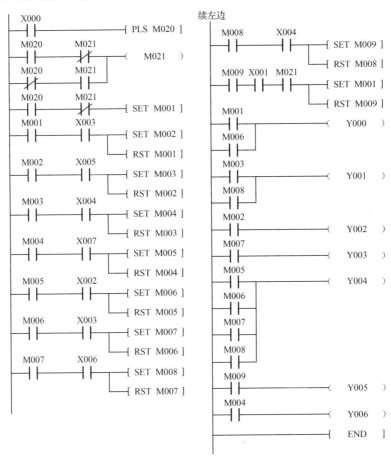

图 5-20　修改后的物品搬运机械手 PLC 控制系统梯形图程序

对修改后的程序进行编译、检查、存盘后，重新下载到实验箱上的 PLC 中。

6）再次模拟运行

将修改后的物品搬运机械手 PLC 控制系统梯形图程序下载到实验箱上的 PLC 中后，学生需要对其进行再一次的模拟运行，看到在第（6）～（9）步中抓取电磁铁灯都连续点亮，这样就把物品可能掉落的问题解决了。

通过第 2 次模拟运行，被控电器的所有动作情况都完全符合控制系统的控制要求，这说明 PLC 的硬件设计工作和软件设计工作均已圆满完成。

3. 训练总结

从物品搬运机械手 PLC 控制系统实验室模拟调试过程可以看出：编译软件只能检查梯形图程序是否符合编程规则，避免发生一些"低级"错误，但对于程序是否完全符合控制要求却是检查不出来的。所以，实验室模拟调试工作是非常重要的，它不仅能及时暴露出程序设计中存在的问题，还能十分准确地检查出学生设计的梯形图程序是否完全符合控制要求，从而确保 PLC 的应用工作能顺利地继续下去。

自测习题 5.2

（1）PLC 在运行时，RUN/STOP 工作模式开关应拨到_____位置。

（2）实验室模拟调试的意义是什么？

（3）使用 PLC 应用项目实验箱进行实验室模拟调试的步骤是怎样的？

任务 5.3 学习硬件安装

5.3.1 任务内容

（1）掌握 PLC 控制系统的硬件安装步骤和方法。

（2）在 PLC 应用项目实验箱上进行 PLC 硬件安装和硬件接线训练。

5.3.2 任务分析

PLC 控制系统在硬件安装时各单元的排列是否正确牢靠，硬件接线时是否正确可靠，直接关系到 PLC 控制系统能否正常运行。因此，设置本任务的目的是，使学生通过学习 PLC 控制系统的硬件安装步骤和方法，以及在 PLC 应用项目实验箱上进行 PLC 硬件安装和硬件接线训练，掌握 PLC 控制系统的硬件安装和接线技能。

5.3.3 相关知识

1. PLC 的安装步骤

FX2N 系列 PLC 通常都采用单元式结构，因此在应用时先把各单元依次安装在 DIN 导轨上，再用扁平电缆进行各单元之间的连接，从而把各单元组合成一个整体。单元式结构 PLC 的安装步骤如下。

1）安装 DIN 导轨

用 2 颗螺钉先把 DIN 导轨的两端固定在控制柜内的安装板上，再把 DIN 导轨的中间部位用 1～3 颗螺钉拧紧。DIN 导轨如图 5-21 所示。

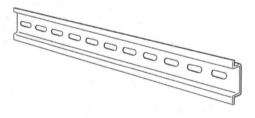

图 5-21　DIN 导轨

2）连接 PLC 各单元

先把电源单元放在 CPU 单元的左侧，将 2 个单元压紧并把锁销销牢，再把端盖放在 CPU 单元的右侧，将其与 CPU 单元压紧并把锁销销牢，若有插配的 I/O 单元，则将其放在 CPU 单元与端盖之间，同样将其压紧销牢。

在连接 PLC 各单元时，一定要注意压紧，扁平电缆一定要插接到位，否则会引起 PLC 工作不正常。

3）PLC 安装到 DIN 导轨上

将 PLC 安装到 DIN 导轨上，如图 5-22 所示，松开 PLC 背面各单元的锁销，先将 PLC

背面钩挂在 DIN 导轨上,再把 PLC 底部推向 DIN 导轨,最后把 PLC 背面各单元的锁销销牢。

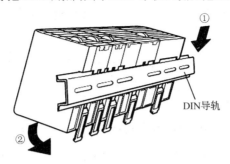

图 5-22　PLC 安装到 DIN 导轨上

4)安装定位端夹

在电源单元的左侧和端盖的右侧各安装一个 DIN 导轨端夹,先将端夹的下部钩住 DIN 导轨的下部,再将端夹的上部推向 DIN 导轨的上部,推动左端夹使其紧紧靠住电源单元,推动右端夹使其紧紧靠住端盖,并拧紧端夹上螺丝,防止 PLC 在 DIN 导轨上滑动,如图 5-23 所示。

图 5-23　安装定位端夹

5)PLC 与控制设备的连接

PLC 安装好后,便可按照硬件接线图把主令电器与 PLC 的输入接口连接起来,把被控电器与 PLC 的输出接口连接起来,以构成完整的 PLC 控制系统。

2. PLC 硬件安装的注意事项

在硬件安装与接线过程中,需要注意以下事项。

1)可靠且合理的接地

可靠且合理的接地不仅能确保人身和设备的安全,还能有效地解决干扰问题。因此,接地必须可靠,接地阻值要尽可能小,PLC 和控制设备都采用一点接地。

注意:PLC 外壳的接地点是"⊥"而不是"COM"。

2)预防各类干扰

(1)尽量采用屏蔽电缆作为输入信号线,屏蔽电缆应尽可能短,屏蔽层只可一端接地(注意:屏蔽电缆的接地点是"COM"而不是"⊥");同时注意:电压等级不同的输入信号线不要放在同一根电缆中,信号种类不同的输入信号线也不要放在同一根电缆中。

(2)电压等级不同的输出信号线不要放在同一根电缆中。

(3)输入信号电缆、输出信号电缆及电力电缆应相互远离,各走其道。

(4)信号电缆尤其是输入信号电缆,要远离电气设备,更要远离高频设备。

3)保护 PLC 输出接口

若负载电流大于输出接口的额定电流,则必须采取一些扩流措施(如使用中间继电器、

外接大功率晶体管或外接大功率晶闸管）；接通的输出接口总电流不得超过 PLC 的最大允许电流；各个负载回路中必须串有熔断器，以防止负载短路时烧坏 PLC 的输出接口，如图 5-24所示。

图 5-24　保护 PLC 输出接口的措施 1

电感性的被控电器在运行与停止的瞬间会产生很高的感应电势，极易损坏 PLC 的输出接口，所以应在直流电感负载的两端并联一个二极管（二极管负极接电源正极），在交流电感负载两端并联一个 RC 串联吸收回路（回路参数：100～200 Ω/2W、0.1 μF/630 V），如图 5-25所示。

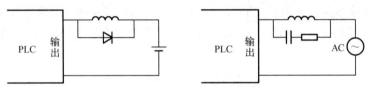

图 5-25　保护 PLC 输出接口的措施 2

4）正确可靠的接线

在进行 PLC 与控制设备之间的连接工作时，不能出现接线错误。因此，每一根接线的端头上都应套上标有 X001、Y002 等线号的套管。另外还要注意连接可靠，防止受振松动和日久氧化。

5.3.4　任务实施

1. 器材准备

（1）PLC 应用项目实验箱 1 个。

（2）电工常用工具 1 套。

2. 训练步骤

1）拆除实验箱上的元件

（1）拆掉 PLC 应用项目实验箱上的电源开关、220 V 交流电源线和熔断器管座。

（2）取下交流接触器和输出接线座。

（3）取下按钮开关盒和输入接线座。

（4）拆掉 PLC 上输入接线端和输出接线端的接线，移走印制板。

（5）移走印制板支架，先取下 PLC，再取下 DIN 导轨。

2）PLC 的硬件安装和接线

（1）把 DIN 导轨安装在实验箱底板的正中间位置。

（2）把 PLC 安装到 DIN 导轨上（注意 PLC 输入接线端在左侧）。

（3）把 DIN 导轨端夹安装到 DIN 导轨上。

（4）把按钮开关盒安装在 PLC 输入接口一侧（注意与 PLC 保持适当距离）。

（5）把交流接触器安装在PLC输出接口一侧（注意与PLC保持适当距离）。

（6）剪取适当长度的导线，在导线上套上两段线号套管；剥去导线两端的绝缘层，分别装上叉形接线端头；把线号套管移动到叉形接线端头处。

（7）按照图5-26所示的硬件接线图，把按钮开关盒和PLC输入接口之间依次用导线连接起来，并把PLC输出接口和交流接触器之间依次用导线连接起来。

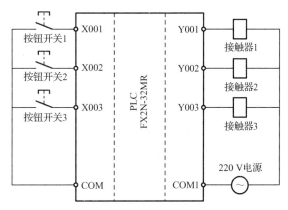

图5-26　实验用硬件接线图

注意：每连接好一根导线，都应立即在导线两端的线号套管上标注上线号（如X001、Y002等）。

（8）把220 V交流电源线连接好。

（9）对照图5-26，仔细检查接线有无错误，线号标注是否正确。

3）复原PLC应用项目实验箱

（1）拆掉本次实验在PLC应用项目实验箱上安装的所有导线和元件。

（2）把DIN导轨安装在实验箱底板的正中间位置。

（3）把PLC安装到DIN导轨上（注意PLC输入接线端在左侧）。

（4）安装好印制板支架。

（5）把印制板上的输入导线和输出导线依次与PLC上的输入接线端和输出接线端连接起来，确认导线连接正确无误后放置好印制板。

（6）把按钮开关盒和输入接线座安装在实验箱底板的左侧。

（7）把交流接触器和输出接线座安装在实验箱底板的右侧。

（8）安装好电源开关并连接好220 V交流电源线。

3. 训练总结

通过本次训练，学生不仅掌握了PLC控制系统的硬件安装步骤和方法，还学会了PLC与控制设备之间的导线连接方法。

自测习题 5.3

（1）写出PLC控制系统的硬件安装的步骤。

（2）在进行PLC与控制设备之间的导线连接工作时，要特别注意哪些问题？

任务 5.4 学习现场调试

5.4.1 任务内容

（1）了解 PLC 控制系统现场调试的步骤。

（2）掌握 PLC 控制系统现场调试的方法。

5.4.2 任务分析

现场调试是对学生设计的 PLC 控制系统的最后一次检验，是真刀真枪的实战，必须按部就班地进行。因此，设置本任务的目的是，使学生通过学习 PLC 控制系统现场调试的步骤和方法，掌握 PLC 控制系统现场调试的操作技能。

5.4.3 相关知识

在 PLC 控制系统硬件安装完成后，就可对其进行现场调试了。PLC 控制系统的现场调试步骤如下。

1．确认硬件接线正确无误

在现场调试前，一定要再次检查 PLC 控制系统的硬件接线情况，仔细核对，一根线也不能漏，确保硬件接线完全正确，绝对无误，并把 PLC 上的 RUN/STOP 工作模式开关拨到 RUN 位置。

2．空载开机运行

旋下 PLC 输出端子板两端的装卸螺钉，先把输出端子板连同输出信号线一起从 PLC 上移开，然后开机试运行。由于被控电器并未运行，因此一些输入信号需要人为地产生（如人工拨动限位开关）。在 PLC 空载运行过程中，要注意 PLC 上的输入指示灯是否与主令电器同步动作、输出指示灯的动作规律是否符合控制要求。这一步调试结果若与实验室模拟调试结果完全一致，则说明现场的主令电器正常，输入信号线接线正常。

3．轻载试运行

先把输出端子板连同输出信号线一起装回 PLC，并把 PLC 输出端子板两端的装卸螺钉拧紧，然后撤掉重载设备（如把电动机接线从接触器触头上脱开），开机试运行。在 PLC 的运行过程中，要重点注意随着 PLC 上输出指示灯的亮灭，被控电器是否有相应的动作反应（如接触器触头的闭合与断开）。若各个被控电器的动作反应准确地与输出指示灯同步，则说明现场的被控电器正常，输出信号线接线正常。

4．重载试运行

加上所有的重载设备，开机试运行。在 PLC 的运行过程中，不再人工产生输入信号，完全由控制系统自行操作，重点注意所有的设备是否正确地运行和停止，是否完全符合控制系统的控制要求。如果完全达到要求，让它运行一段时间，并投料进行试生产，当生产一切正常时，现场调试工作就圆满完成了。

自测习题 5.4

（1）PLC 控制系统的现场调试步骤是怎样的？

（2）如果在 PLC 控制系统现场调试的第 2 步或第 3 步出现不正常现象，请分别说明问题一般出在什么地方？

任务 5.5　学习整理技术文件

5.5.1　任务内容

（1）了解 PLC 控制系统技术文件的内容和撰写格式。

（2）以 3 人制约仓库门锁控制系统为例，撰写 PLC 控制系统的技术文件。

5.5.2　任务分析

技术文件虽然是 PLC 控制系统的一个附件，但它却体现了整个 PLC 应用设计的完整性。因此，设置本任务的目的是通过介绍 PLC 控制系统技术文件的内容和撰写格式，同时通过撰写 3 人制约仓库门锁控制系统技术文件的训练，使学生掌握 PLC 控制系统技术文件的撰写技能。

5.5.3　相关知识

在完成 PLC 控制系统的现场调试工作后，应把与 PLC 控制系统相关的图纸、表格、说明等整理和编写为成套技术文件，连同整个 PLC 控制系统一起移交给使用单位。

PLC 控制系统技术文件没有统一的格式，文件构成也没有统一的要求，但其主要内容应包括设计说明书、电气元件明细表、电气元件分布图、硬件接线图、程序清单。

5.5.4　任务实施

1．器材准备

（1）绘图专用纸若干张。

（2）绘图工具 1 套。

2．训练步骤

撰写任务 4.4 中 3 人制约仓库门锁控制系统的技术文件。

（1）撰写技术文件封面。

（2）撰写技术文件目录。

（3）撰写设计说明书。

（4）绘制电气元件明细表。

（5）绘制电气元件分布图。

（6）绘制硬件接线图。

（7）绘制程序清单。

3. 训练总结

通过本次训练，学生不仅了解了 PLC 控制系统技术文件包括的内容，还掌握了技术文件的撰写格式及撰写方法。

自测习题 5.5

（1）PLC 控制系统的技术文件一般应包括哪些内容？

（2）PLC 应用技术有哪几方面技术？

到此，学生已初步学会了 PLC 应用过程中必须掌握的硬件设计技术、软件设计技术及控制系统的构建技术，已顺利跨进了 PLC 应用技术的大门，祝愿学生在 PLC 应用旅途上一路顺利！不断创造新的工作业绩！

反侵权盗版声明

　　电子工业出版社依法对本作品享有专有出版权。任何未经权利人书面许可，复制、销售或通过信息网络传播本作品的行为，歪曲、篡改、剽窃本作品的行为，均违反《中华人民共和国著作权法》，其行为人应承担相应的民事责任和行政责任，构成犯罪的，将被依法追究刑事责任。

　　为了维护市场秩序，保护权利人的合法权益，我社将依法查处和打击侵权盗版的单位和个人。欢迎社会各界人士积极举报侵权盗版行为，本社将奖励举报有功人员，并保证举报人的信息不被泄露。

举报电话：（010）88254396；（010）88258888

传　　真：（010）88254397

E-mail：　dbqq@phei.com.cn

通信地址：北京市海淀区万寿路 173 信箱

　　　　　电子工业出版社总编办公室

邮　　编：100036